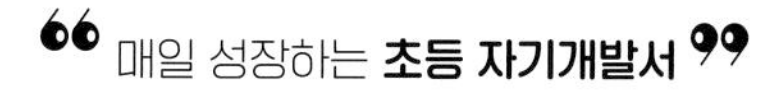

왜 공부력을 키워야 할까요?

쓰기력

정확한 의사소통의 기본기이며 논리의 바탕

연필을 잡고 종이에 쓰는 것을 괴로워한다!
맞춤법을 몰라 정확한 쓰기를 못한다!
말은 잘하지만 조리 있게 쓰는 것이 어렵다!
그래서 글쓰기의 기본 규칙을 정확히 알고
써야 공부 능력이 향상됩니다.

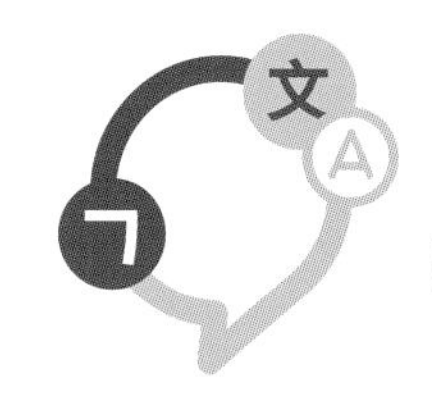

어휘력

교과 내용 이해와 독해력의 기본 바탕

어휘를 몰라서 수학 문제를 못 푼다!
어휘를 몰라서 사회, 과학 내용 이해가 안 된다!
어휘를 몰라서 수업 내용을 따라가기 어렵다!
그래서 교과 내용 이해의 기본 바탕을
다지기 위해 어휘 학습을 해야 합니다.

독해력

모든 교과 실력 향상의 기본 바탕

글을 읽었지만 무슨 내용인지 모른다!
글을 읽고 이해하는 데 시간이 오래 걸린다!
읽어서 이해하는 공부 방식을 거부하려고 한다!
그래서 통합적 사고력의 바탕인 독해 공부로
교과 실력 향상의 기본기를 닦아야 합니다.

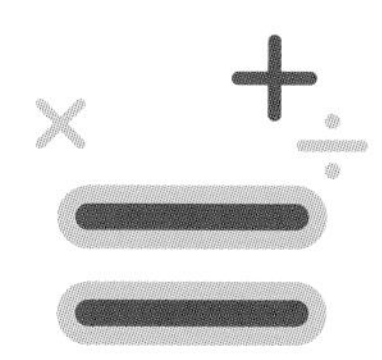

계산력

초등 수학의 핵심이자 기본 바탕

계산 과정의 실수가 잦다!
계산을 하긴 하는데 시간이 오래 걸린다!
계산은 하는데 계산 개념을 정확히 모른다!
그래서 계산 개념을 익히고 속도와 정확성을
높이기 위한 훈련을 통해 계산력을 키워야 합니다.

visang

완자

공부력

초등 수학

계산 3B

초등 수학 계산 단계별 구성

1A	1B	2A	2B	3A	3B
9까지의 수	100까지의 수	세 자리 수	네 자리 수	세 자리 수의 덧셈	곱하는 수가 한·두 자리 수인 곱셈
9까지의 수 모으기, 가르기	받아올림이 없는 두 자리 수의 덧셈	받아올림이 있는 두 자리 수의 덧셈	곱셈구구	세 자리 수의 뺄셈	나누는 수가 한 자리 수인 나눗셈
한 자리 수의 덧셈	받아내림이 없는 두 자리 수의 뺄셈	받아내림이 있는 두 자리 수의 뺄셈	길이(m, cm)의 합과 차	나눗셈의 의미	분수로 나타내기, 분수의 종류
한 자리 수의 뺄셈	10이 되는 더하기, 10에서 빼기	세 수의 덧셈과 뺄셈	시각과 시간	곱하는 수가 한 자리 수인 곱셈	들이·무게의 합과 차
50까지의 수	받아올림이 있는 (몇)+(몇), 받아내림이 있는 (십몇)-(몇)	곱셈의 의미		길이(cm와 mm, km와 m)·시간의 합과 차	
				분수와 소수의 의미	

초등 수학의 핵심! 수, 연산, 측정, 규칙성 영역에서
핵심 개념을 쉽게 이해하고, 다양한 계산 문제로 계산력을 키워요!

4A	4B	5A	5B	6A	6B
큰 수	분모가 같은 분수의 덧셈	자연수의 혼합 계산	수 어림하기	나누는 수가 자연수인 분수의 나눗셈	나누는 수가 분수인 분수의 나눗셈
각도의 합과 차, 삼각형·사각형의 각도의 합	분모가 같은 분수의 뺄셈	약수와 배수	분수의 곱셈	나누는 수가 자연수인 소수의 나눗셈	나누는 수가 소수인 소수의 나눗셈
세 자리 수와 두 자리 수의 곱셈	소수 사이의 관계	약분과 통분	소수의 곱셈	비와 비율	비례식과 비례배분
나누는 수가 두 자리 수인 나눗셈	소수의 덧셈	분모가 다른 분수의 덧셈	평균	직육면체의 부피	원주, 원의 넓이
	소수의 뺄셈	분모가 다른 분수의 뺄셈		직육면체의 겉넓이	
		다각형의 둘레와 넓이			

특징과 활용법

하루 4쪽 공부하기

✳ 차시별 공부

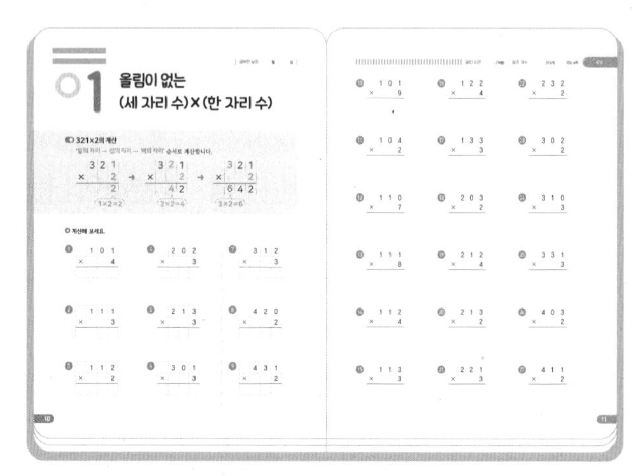

✳ 차시 섞어서 공부

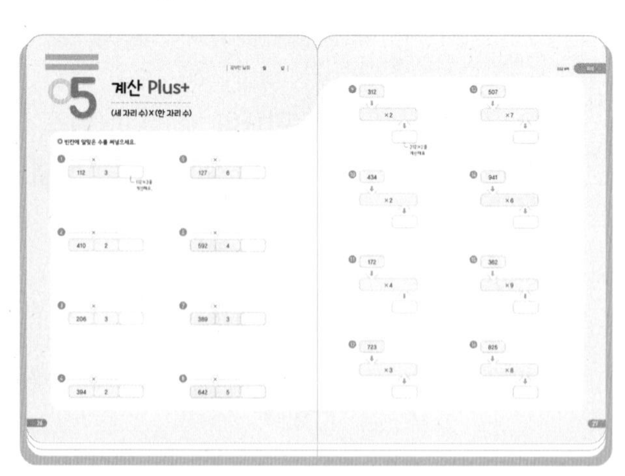
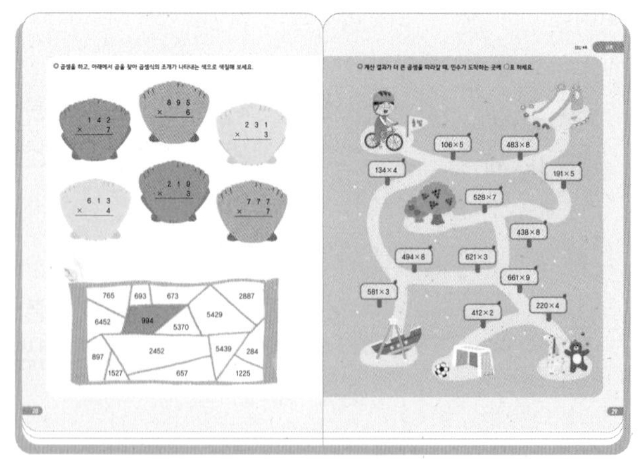

✳ 하루 4쪽씩 공부하고, 채점한 후, 틀린 문제를 다시 풀어요!

책으로 하루 4쪽 공부하며, 초등 계산력을 키워요!

모바일로 공부한 내용을 복습하고 몬스터를 잡아요!

공부한 내용 확인하기

✳ 단원별 계산 평가

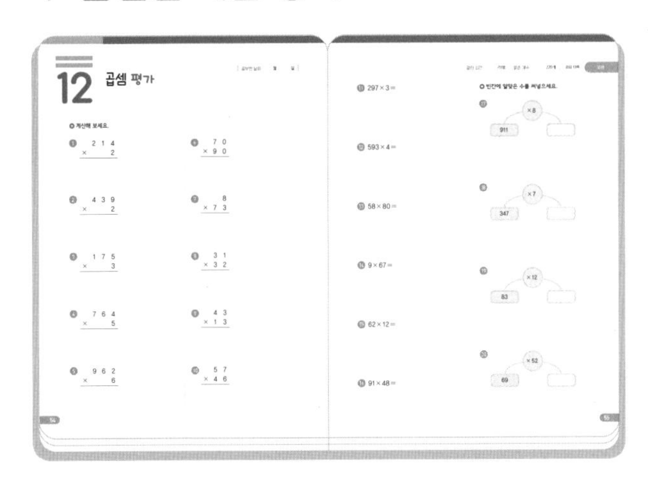

✳ 단계별 계산 총정리 평가

✳ 평가를 통해 공부한 내용을 확인해요!

모바일로 복습하기

앱 다운받기

책 인증하기

✳ 그날 배운 내용을 바로바로,
또는 주말에 모아서 복습하고,
다이아몬드 획득까지!
공부가 저절로 즐거워져요!

차례

1 곱셈

곱하는 수가 **한 자리 수** 또는 **두 자리 수**인
곱셈의 훈련이 중요한

| 공부한 날짜 월 일 |

01 올림이 없는 (세 자리 수)×(한 자리 수)

321×2의 계산

'일의 자리 → 십의 자리 → 백의 자리' 순서로 계산합니다.

	3	2	1
×			2
			2

1×2=2

→

	3	2	1
×			2
		4	2

2×2=4

→

	3	2	1
×			2
	6	4	2

3×2=6

계산해 보세요.

❶

	1	0	1
×			4

❷

	1	1	1
×			3

❸

	1	1	2
×			2

❹

	2	0	2
×			3

❺

	2	1	3
×			3

❻

	3	0	1
×			3

❼

	3	1	2
×			3

❽

	4	2	0
×			2

❾

	4	3	1
×			2

⑩ $\begin{array}{r} 1\ 0\ 1 \\ \times \quad\ \ 9 \\ \hline \end{array}$

⑪ $\begin{array}{r} 1\ 0\ 4 \\ \times \quad\ \ 2 \\ \hline \end{array}$

⑫ $\begin{array}{r} 1\ 1\ 0 \\ \times \quad\ \ 7 \\ \hline \end{array}$

⑬ $\begin{array}{r} 1\ 1\ 1 \\ \times \quad\ \ 8 \\ \hline \end{array}$

⑭ $\begin{array}{r} 1\ 1\ 2 \\ \times \quad\ \ 4 \\ \hline \end{array}$

⑮ $\begin{array}{r} 1\ 1\ 3 \\ \times \quad\ \ 3 \\ \hline \end{array}$

⑯ $\begin{array}{r} 1\ 2\ 2 \\ \times \quad\ \ 4 \\ \hline \end{array}$

⑰ $\begin{array}{r} 1\ 3\ 3 \\ \times \quad\ \ 3 \\ \hline \end{array}$

⑱ $\begin{array}{r} 2\ 0\ 3 \\ \times \quad\ \ 2 \\ \hline \end{array}$

⑲ $\begin{array}{r} 2\ 1\ 2 \\ \times \quad\ \ 4 \\ \hline \end{array}$

⑳ $\begin{array}{r} 2\ 1\ 3 \\ \times \quad\ \ 2 \\ \hline \end{array}$

㉑ $\begin{array}{r} 2\ 2\ 1 \\ \times \quad\ \ 3 \\ \hline \end{array}$

㉒ $\begin{array}{r} 2\ 3\ 2 \\ \times \quad\ \ 2 \\ \hline \end{array}$

㉓ $\begin{array}{r} 3\ 0\ 2 \\ \times \quad\ \ 2 \\ \hline \end{array}$

㉔ $\begin{array}{r} 3\ 1\ 0 \\ \times \quad\ \ 3 \\ \hline \end{array}$

㉕ $\begin{array}{r} 3\ 3\ 1 \\ \times \quad\ \ 3 \\ \hline \end{array}$

㉖ $\begin{array}{r} 4\ 0\ 3 \\ \times \quad\ \ 2 \\ \hline \end{array}$

㉗ $\begin{array}{r} 4\ 1\ 1 \\ \times \quad\ \ 2 \\ \hline \end{array}$

○ 계산해 보세요.

㉘ $110 \times 5 =$

각 자리를 맞추어 쓴 후 세로로 계산해요.

	1	1	0
×			5

㉙ $123 \times 3 =$

㉚ $130 \times 2 =$

㉛ $134 \times 2 =$

㉜ $141 \times 2 =$

㉝ $230 \times 3 =$

㉞ $311 \times 2 =$

㉟ $320 \times 3 =$

㊱ $323 \times 3 =$

㊲ $333 \times 2 =$

㊳ $342 \times 2 =$

㊴ $401 \times 2 =$

㊵ $414 \times 2 =$

㊶ $433 \times 2 =$

㊷ $443 \times 2 =$

㊸ $101 \times 7 =$

㊹ $102 \times 3 =$

㊺ $110 \times 6 =$

㊻ $111 \times 5 =$

㊼ $120 \times 4 =$

㊽ $121 \times 4 =$

㊾ $122 \times 3 =$

㊿ $123 \times 2 =$

51 $210 \times 2 =$

52 $211 \times 4 =$

53 $223 \times 3 =$

54 $233 \times 3 =$

55 $242 \times 2 =$

56 $302 \times 3 =$

57 $313 \times 2 =$

58 $320 \times 2 =$

59 $332 \times 3 =$

60 $344 \times 2 =$

61 $402 \times 2 =$

62 $404 \times 2 =$

63 $444 \times 2 =$

올림이 한 번 있는 (세 자리 수)×(한 자리 수)

218×2의 계산

일의 자리에서 올림한 수는 십의 자리의 곱에,
십의 자리에서 올림한 수는 백의 자리의 곱에 더합니다.

		1	
	2	1	8
×			2
			6

8×2=16

→

		1	
	2	1	8
×			2
		3	6

1×2=2, 2+1=3

→

		1	
	2	1	8
×			2
	4	3	6

2×2=4

계산해 보세요.

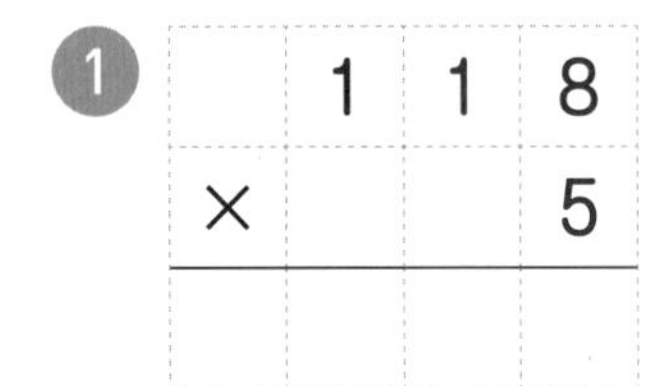

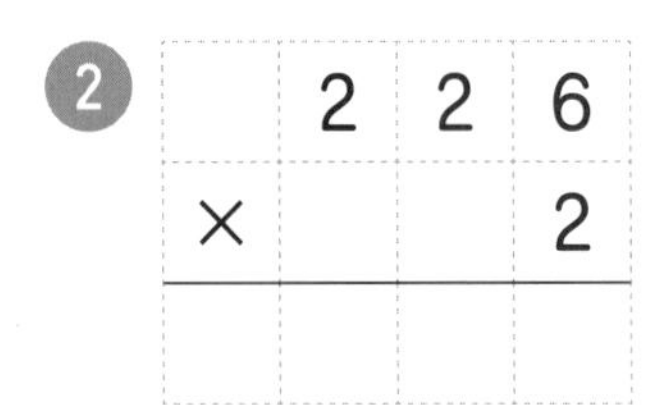

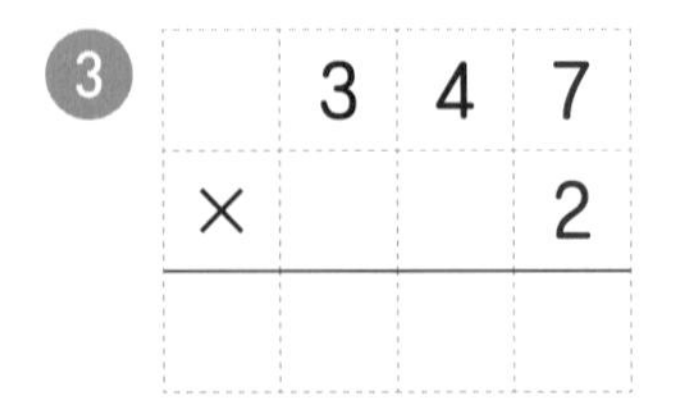

④

	1	6	1
×			4

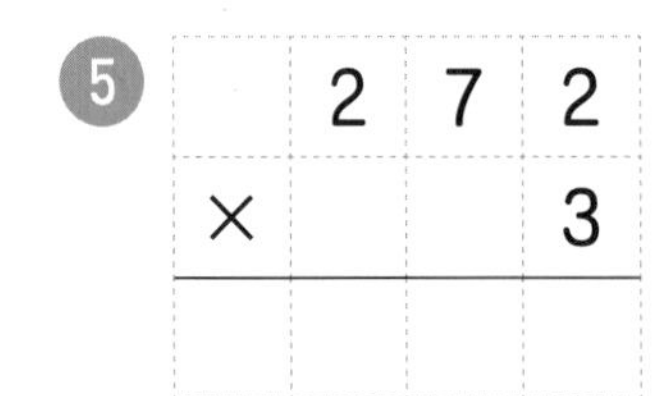

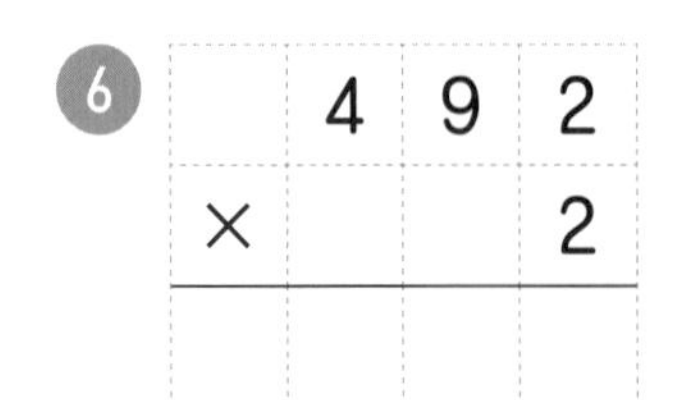

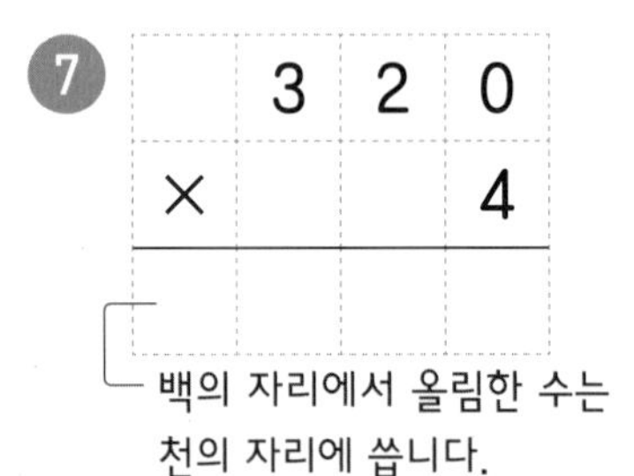

⑧

	5	3	0
×			2

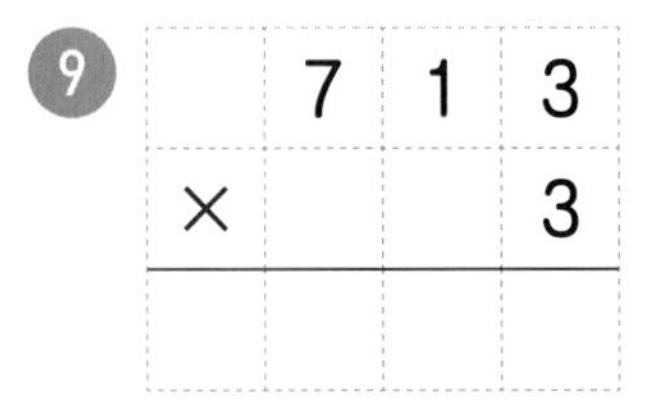

⑩ 107×8

⑪ 116×6

⑫ 137×2

⑬ 203×4

⑭ 325×2

⑮ 435×2

⑯ 151×6

⑰ 180×4

⑱ 253×3

⑲ 352×2

⑳ 384×2

㉑ 473×2

㉒ 301×9

㉓ 423×3

㉔ 514×2

㉕ 630×3

㉖ 713×2

㉗ 801×4

○ 계산해 보세요.

㉘ $105 \times 2 =$

㉙ $114 \times 7 =$

㉚ $115 \times 6 =$

㉛ $213 \times 4 =$

㉜ $436 \times 2 =$

㉝ $132 \times 4 =$

㉞ $251 \times 3 =$

㉟ $252 \times 2 =$

㊱ $263 \times 3 =$

㊲ $453 \times 2 =$

㊳ $532 \times 2 =$

㊴ $611 \times 9 =$

㊵ $720 \times 3 =$

㊶ $813 \times 3 =$

㊷ $902 \times 4 =$

43 $107 \times 6 =$

44 $112 \times 8 =$

45 $117 \times 5 =$

46 $129 \times 3 =$

47 $219 \times 2 =$

48 $315 \times 3 =$

49 $426 \times 2 =$

50 $141 \times 7 =$

51 $152 \times 3 =$

52 $171 \times 4 =$

53 $194 \times 2 =$

54 $232 \times 4 =$

55 $374 \times 2 =$

56 $460 \times 2 =$

57 $201 \times 6 =$

58 $321 \times 4 =$

59 $500 \times 2 =$

60 $613 \times 2 =$

61 $711 \times 7 =$

62 $820 \times 4 =$

63 $900 \times 5 =$

올림이 2번 있는 (세 자리 수)×(한 자리 수)

168×4의 계산

각 자리에서 올림한 수는 바로 윗자리의 곱에 더합니다.

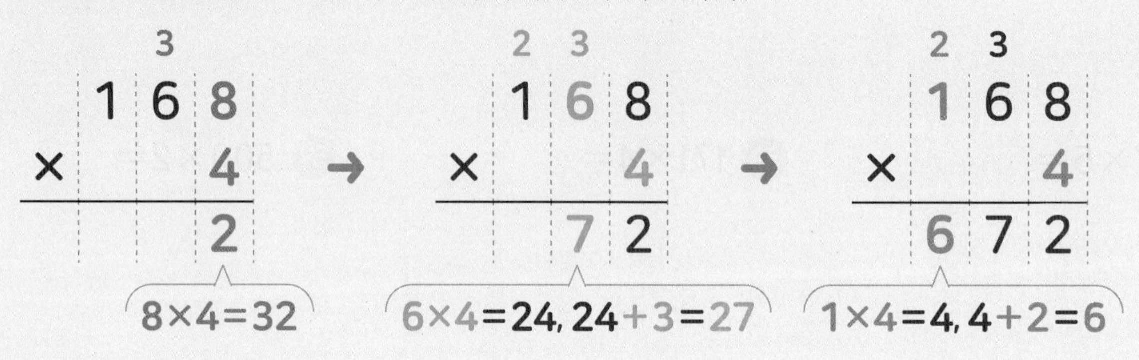

계산해 보세요.

①
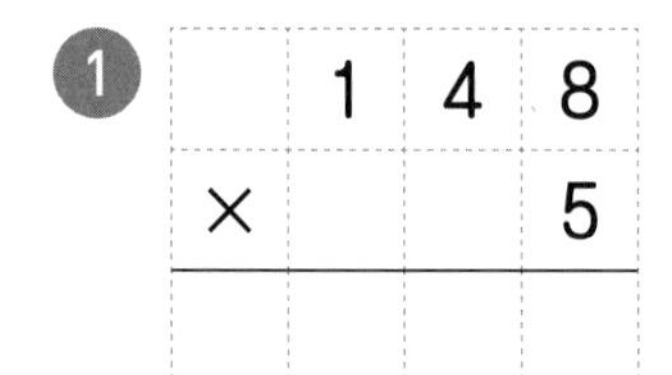
148×5

② 187×4

③ 365×2

④
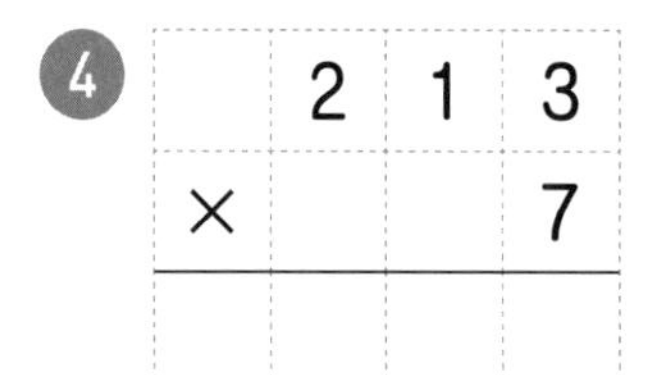
213×7

⑤ 302×8

⑥ 429×3

⑦ 221×5

⑧ 382×4

⑨ 493×3

⑩ 123×8

⑪ 134×7

⑫ 169×4

⑬ 254×3

⑭ 387×2

⑮ 475×2

⑯ 215×6

⑰ 303×7

⑱ 524×3

⑲ 635×2

⑳ 708×9

㉑ 925×3

㉒ 240×9

㉓ 251×5

㉔ 371×4

㉕ 430×6

㉖ 751×3

㉗ 832×4

○ 계산해 보세요.

㉘ 128×7=

㉙ 136×5=

㉚ 147×6=

㉛ 196×4=

㉜ 277×3=

㉝ 208×5=

㉞ 214×7=

㉟ 324×4=

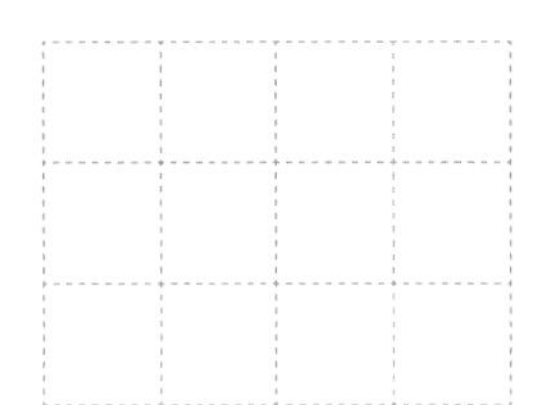

㊱ 528×3=

㊲ 723×4=

㊳ 321×7=

㊴ 470×6=

㊵ 560×9=

㊶ 661×2=

㊷ 861×8=

㊸ $125 \times 4 =$

㊹ $179 \times 5 =$

㊺ $194 \times 4 =$

㊻ $257 \times 3 =$

㊼ $276 \times 2 =$

㊽ $389 \times 2 =$

㊾ $467 \times 2 =$

㊿ $308 \times 7 =$

51 $416 \times 4 =$

52 $509 \times 6 =$

53 $637 \times 2 =$

54 $814 \times 6 =$

55 $905 \times 3 =$

56 $945 \times 2 =$

57 $250 \times 6 =$

58 $372 \times 4 =$

59 $430 \times 5 =$

60 $571 \times 9 =$

61 $771 \times 7 =$

62 $790 \times 2 =$

63 $831 \times 9 =$

올림이 여러 번 있는 (세 자리 수)×(한 자리 수)

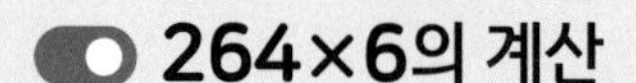

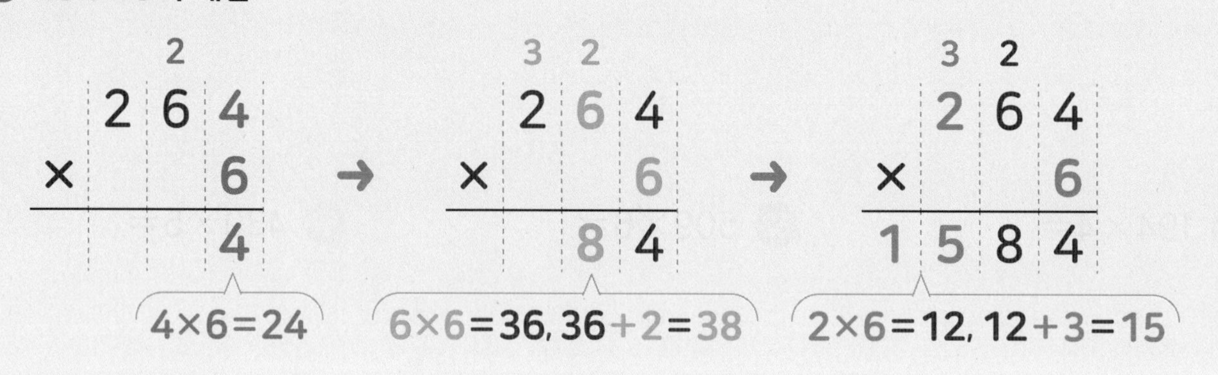

○ 계산해 보세요.

①

	1	2	5
×			9

②

	2	2	3
×			8

③

	2	2	5
×			5

④

	3	3	2
×			9

⑤

	3	4	2
×			7

⑥

	4	2	7
×			6

⑦

	5	2	3
×			6

⑧

	6	2	4
×			8

⑨

	7	3	2
×			5

⑩ $\begin{array}{r} 163 \\ \times \quad 7 \\ \hline \end{array}$

⑪ $\begin{array}{r} 184 \\ \times \quad 9 \\ \hline \end{array}$

⑫ $\begin{array}{r} 235 \\ \times \quad 8 \\ \hline \end{array}$

⑬ $\begin{array}{r} 283 \\ \times \quad 6 \\ \hline \end{array}$

⑭ $\begin{array}{r} 345 \\ \times \quad 5 \\ \hline \end{array}$

⑮ $\begin{array}{r} 365 \\ \times \quad 6 \\ \hline \end{array}$

⑯ $\begin{array}{r} 427 \\ \times \quad 8 \\ \hline \end{array}$

⑰ $\begin{array}{r} 432 \\ \times \quad 6 \\ \hline \end{array}$

⑱ $\begin{array}{r} 527 \\ \times \quad 7 \\ \hline \end{array}$

⑲ $\begin{array}{r} 578 \\ \times \quad 2 \\ \hline \end{array}$

⑳ $\begin{array}{r} 624 \\ \times \quad 7 \\ \hline \end{array}$

㉑ $\begin{array}{r} 682 \\ \times \quad 5 \\ \hline \end{array}$

㉒ $\begin{array}{r} 713 \\ \times \quad 9 \\ \hline \end{array}$

㉓ $\begin{array}{r} 756 \\ \times \quad 4 \\ \hline \end{array}$

㉔ $\begin{array}{r} 838 \\ \times \quad 6 \\ \hline \end{array}$

㉕ $\begin{array}{r} 845 \\ \times \quad 3 \\ \hline \end{array}$

㉖ $\begin{array}{r} 925 \\ \times \quad 7 \\ \hline \end{array}$

㉗ $\begin{array}{r} 958 \\ \times \quad 2 \\ \hline \end{array}$

○ 계산해 보세요.

㉘ $199 \times 9 =$

㉙ $257 \times 5 =$

㉚ $265 \times 4 =$

㉛ $348 \times 5 =$

㉜ $357 \times 6 =$

㉝ $376 \times 4 =$

㉞ $418 \times 7 =$

㉟ $439 \times 8 =$

㊱ $523 \times 7 =$

㊲ $558 \times 2 =$

㊳ $635 \times 5 =$

㊴ $716 \times 9 =$

㊵ $754 \times 3 =$

㊶ $835 \times 6 =$

㊷ $923 \times 5 =$

㊸ $162 \times 8 =$

㊹ $163 \times 7 =$

㊺ $273 \times 5 =$

㊻ $356 \times 4 =$

㊼ $389 \times 6 =$

㊽ $436 \times 7 =$

㊾ $494 \times 3 =$

㊿ $538 \times 3 =$

51 $562 \times 7 =$

52 $586 \times 2 =$

53 $627 \times 5 =$

54 $642 \times 9 =$

55 $653 \times 7 =$

56 $754 \times 6 =$

57 $785 \times 4 =$

58 $796 \times 2 =$

59 $839 \times 7 =$

60 $863 \times 5 =$

61 $894 \times 6 =$

62 $986 \times 2 =$

63 $999 \times 9 =$

계산 Plus+

(세 자리 수)×(한 자리 수)

빈칸에 알맞은 수를 써넣으세요.

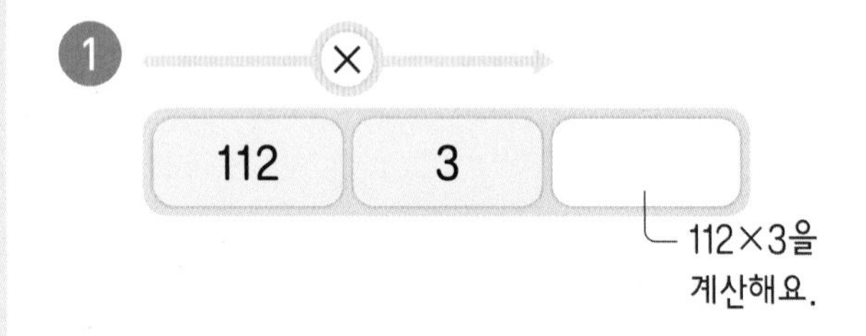

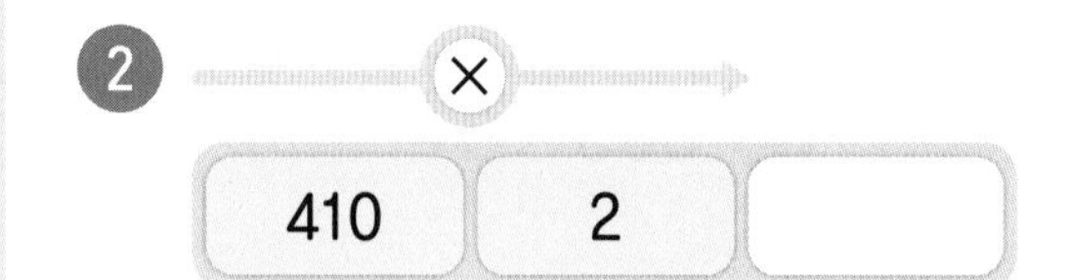

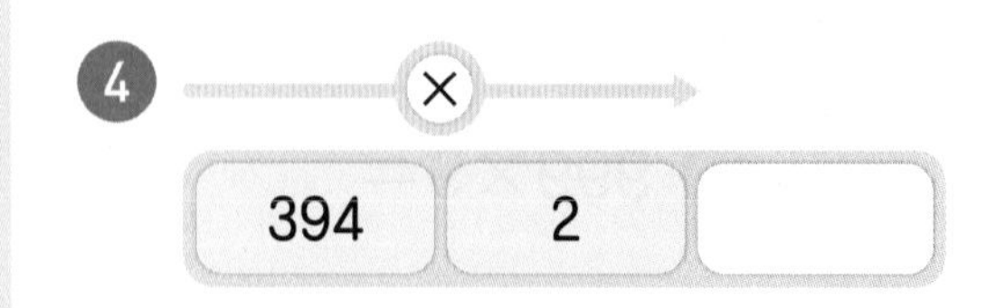

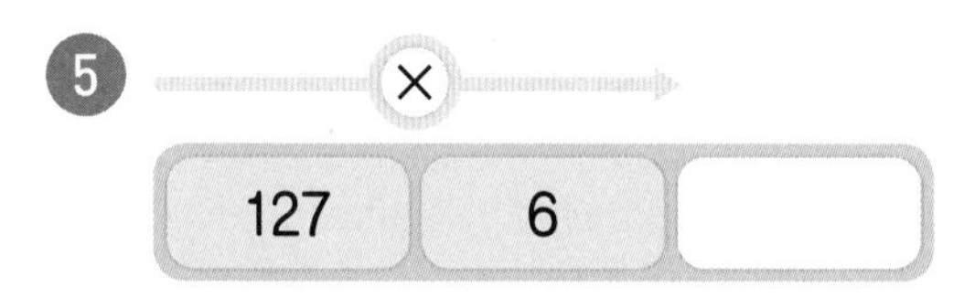

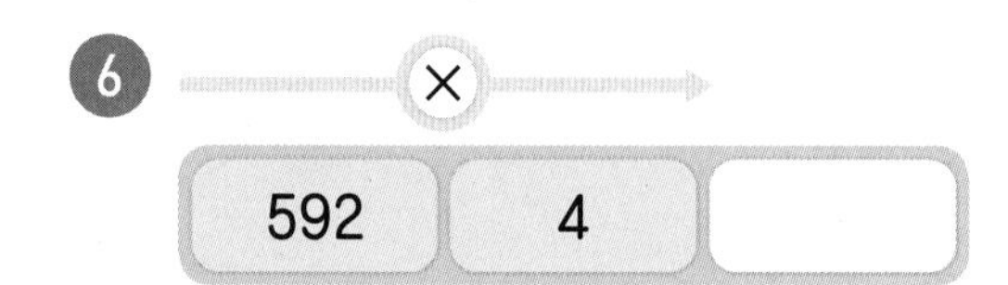

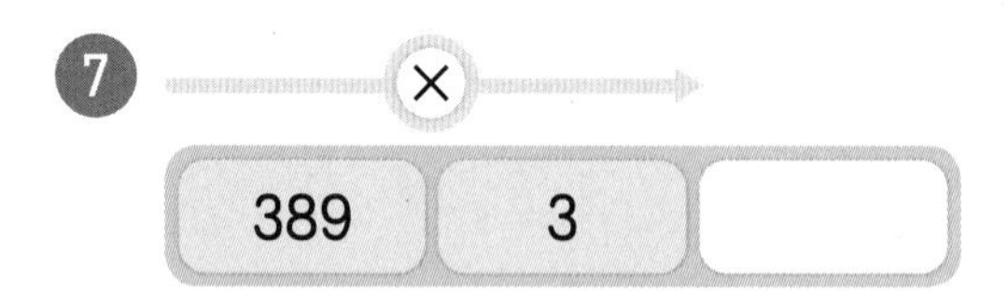

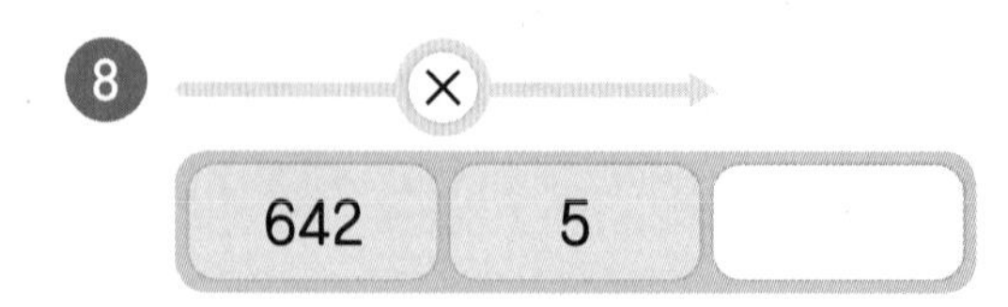

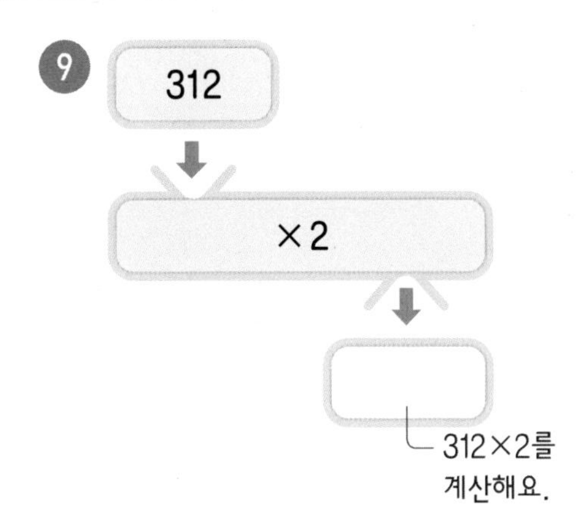
9
312
×2
312×2를
계산해요.

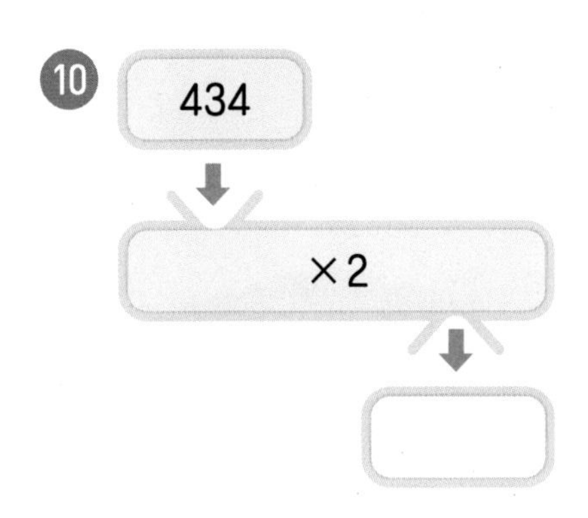
10
434
×2

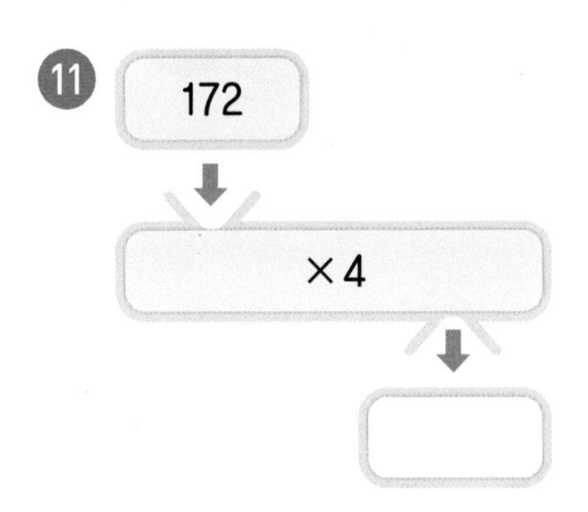
11
172
×4

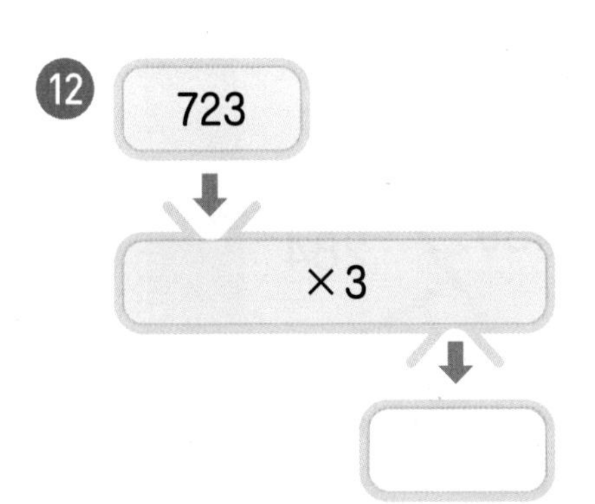
12
723
×3

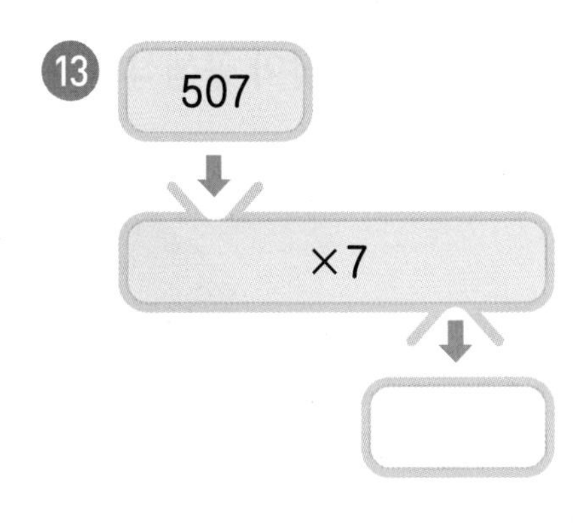
13
507
×7

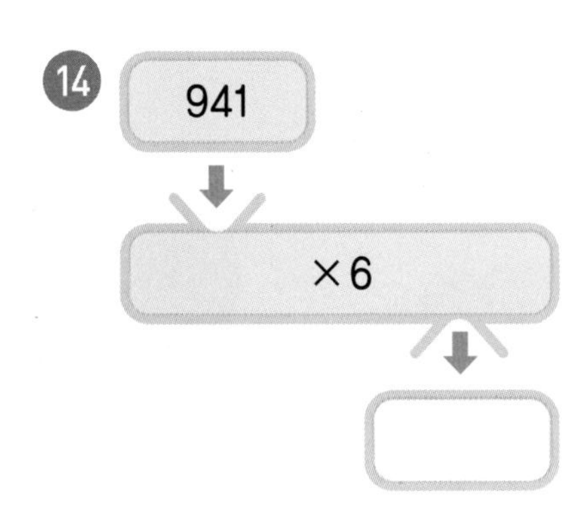
14
941
×6

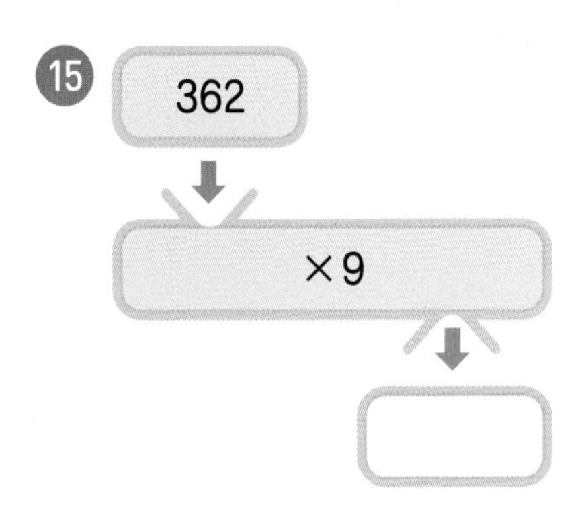
15
362
×9

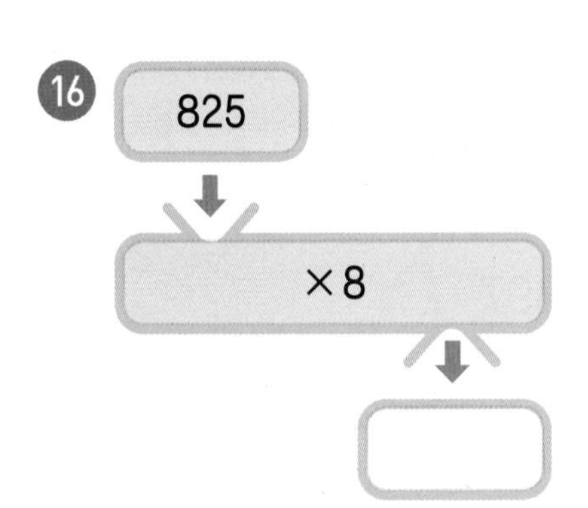
16
825
×8

곱셈을 하고, 아래에서 곱을 찾아 곱셈식의 조개가 나타내는 색으로 색칠해 보세요.

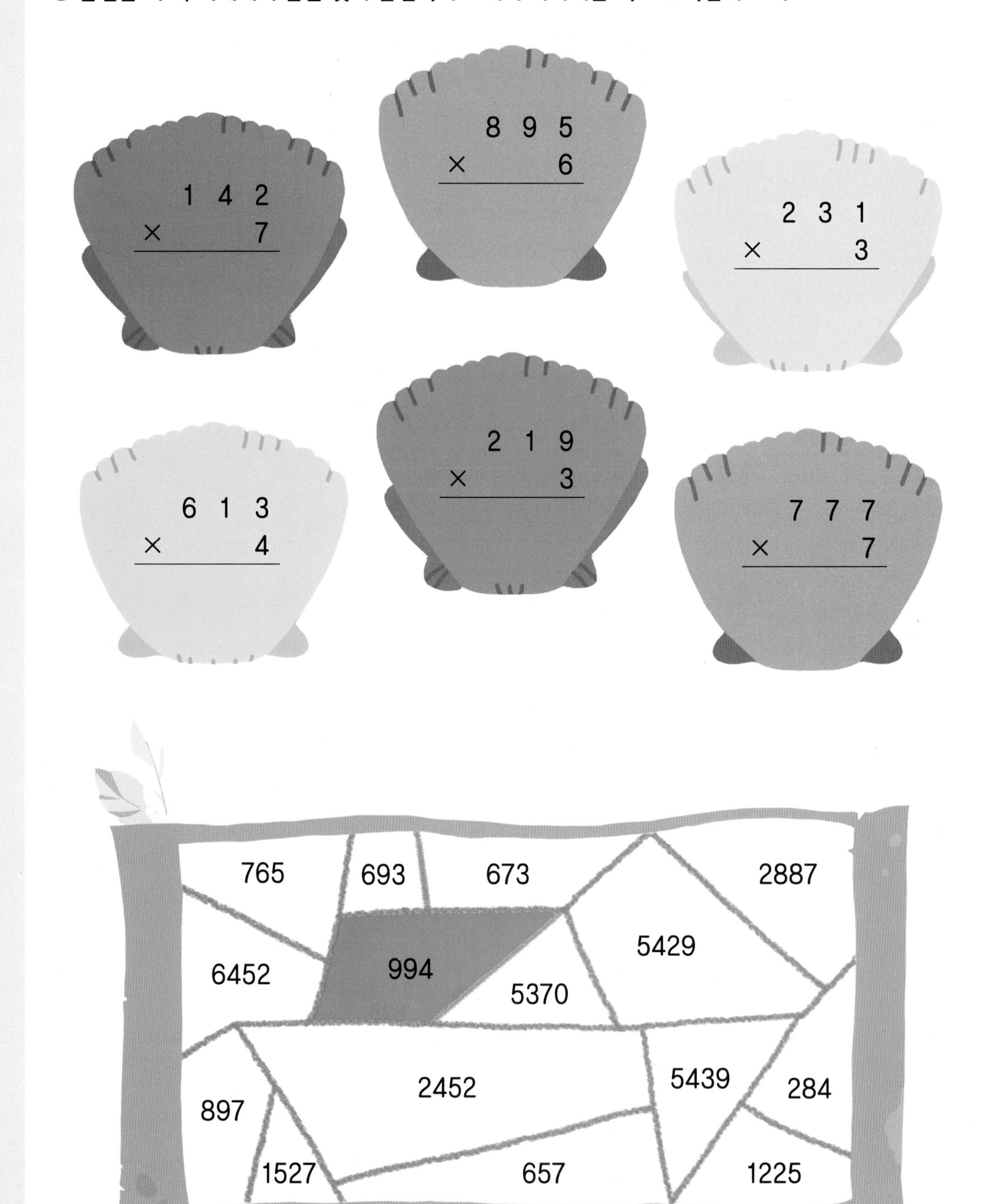

◎ 계산 결과가 더 큰 곱셈을 따라갈 때, 민수가 도착하는 곳에 ○표 하세요.

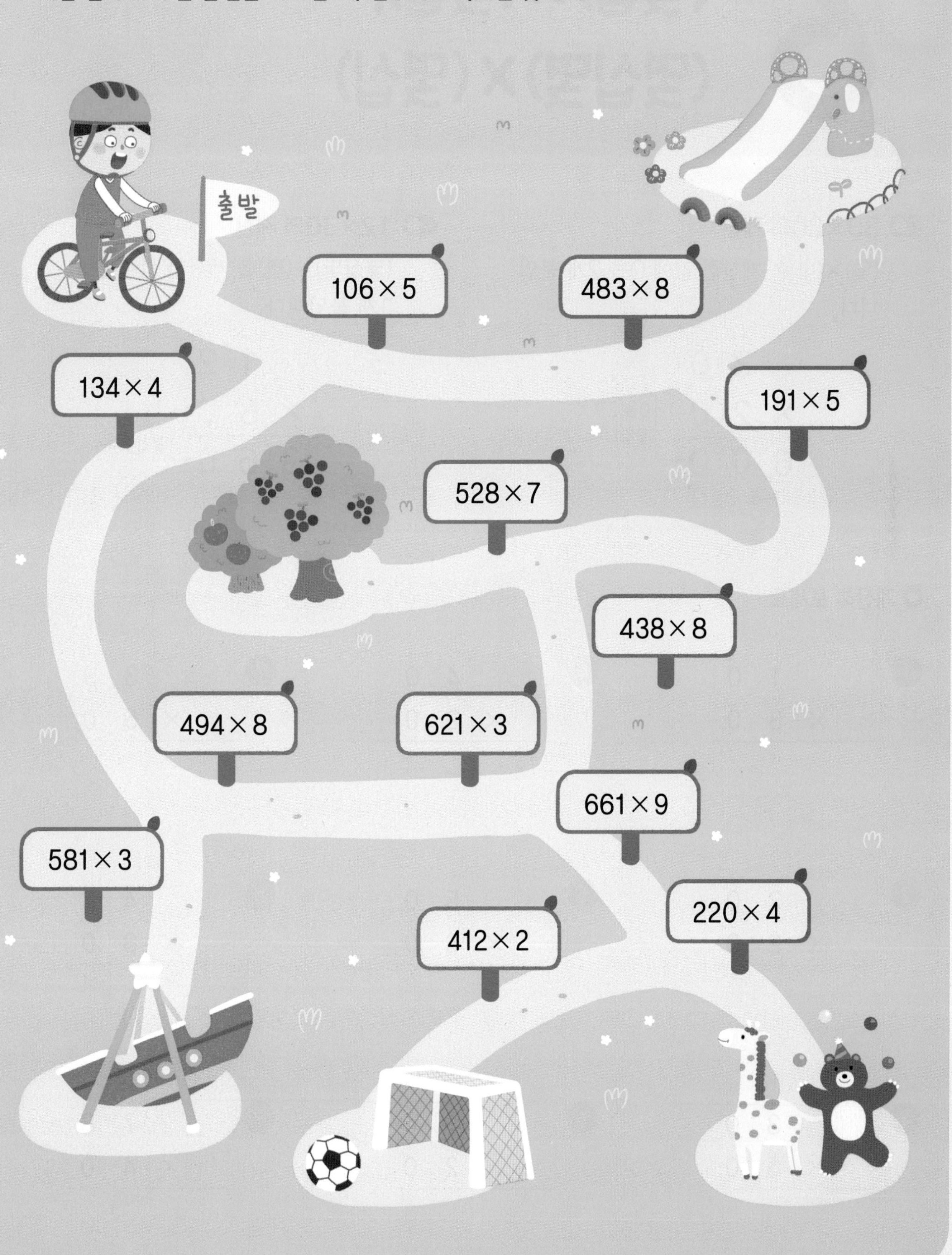

(몇십)×(몇십), (몇십몇)×(몇십)

30×20의 계산

(몇)×(몇)을 계산한 값에 0을 2개 붙입니다.

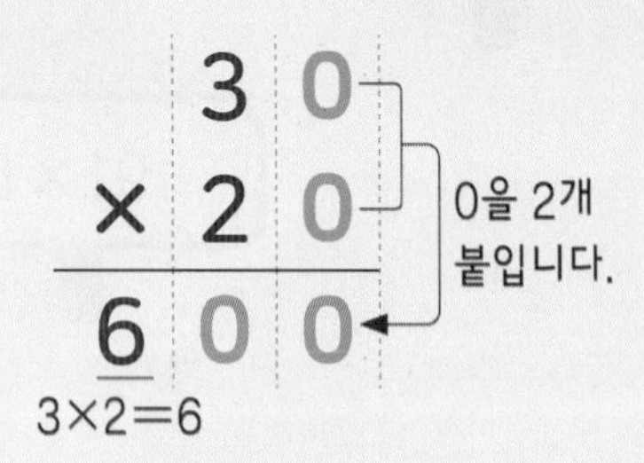

12×30의 계산

(몇십몇)×(몇)을 계산한 값에 0을 1개 붙입니다.

	1	2	
×	3	0	0을 1개 붙입니다.
3	6	0	

12×3=36

계산해 보세요.

①
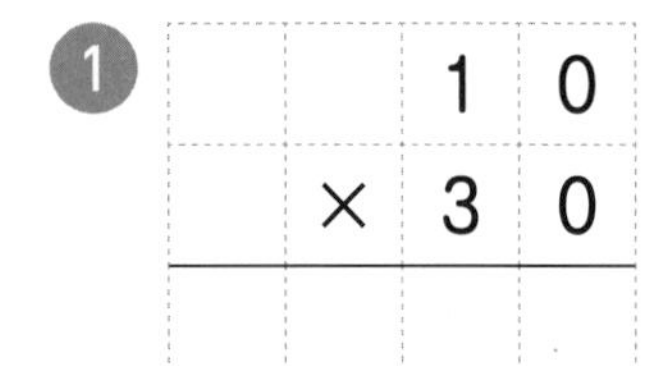

		1	0
	×	3	0

②

		2	0
	×	2	0

③

		3	0
	×	5	0

④
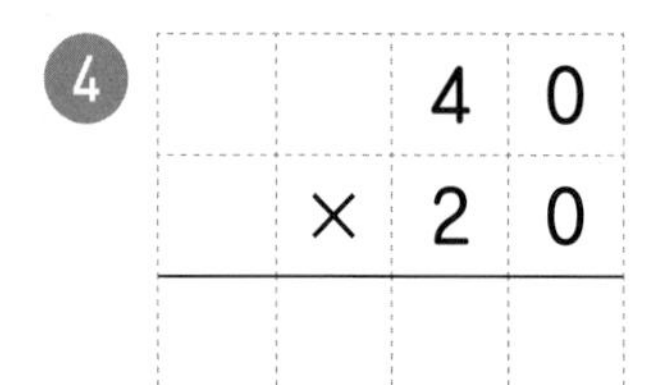

		4	0
	×	2	0

⑤

		5	0
	×	6	0

⑥

		1	4
	×	2	0

⑦

		3	9
	×	5	0

⑧

		4	3
	×	8	0

⑨

		7	8
	×	4	0

⑩ $\begin{array}{r} 20 \\ \times\ 80 \\ \hline \end{array}$

⑪ $\begin{array}{r} 30 \\ \times\ 60 \\ \hline \end{array}$

⑫ $\begin{array}{r} 40 \\ \times\ 50 \\ \hline \end{array}$

⑬ $\begin{array}{r} 50 \\ \times\ 50 \\ \hline \end{array}$

⑭ $\begin{array}{r} 60 \\ \times\ 70 \\ \hline \end{array}$

⑮ $\begin{array}{r} 70 \\ \times\ 40 \\ \hline \end{array}$

⑯ $\begin{array}{r} 80 \\ \times\ 30 \\ \hline \end{array}$

⑰ $\begin{array}{r} 90 \\ \times\ 60 \\ \hline \end{array}$

⑱ $\begin{array}{r} 12 \\ \times\ 70 \\ \hline \end{array}$

⑲ $\begin{array}{r} 26 \\ \times\ 50 \\ \hline \end{array}$

⑳ $\begin{array}{r} 37 \\ \times\ 40 \\ \hline \end{array}$

㉑ $\begin{array}{r} 43 \\ \times\ 20 \\ \hline \end{array}$

㉒ $\begin{array}{r} 57 \\ \times\ 60 \\ \hline \end{array}$

㉓ $\begin{array}{r} 62 \\ \times\ 40 \\ \hline \end{array}$

㉔ $\begin{array}{r} 74 \\ \times\ 30 \\ \hline \end{array}$

㉕ $\begin{array}{r} 81 \\ \times\ 50 \\ \hline \end{array}$

㉖ $\begin{array}{r} 86 \\ \times\ 20 \\ \hline \end{array}$

㉗ $\begin{array}{r} 94 \\ \times\ 50 \\ \hline \end{array}$

● 계산해 보세요.

㉘ $20 \times 70 =$ ☐

$2 \times 7 =$ ☐

㉙ $30 \times 80 =$ ☐

$3 \times 8 =$ ☐

㉚ $40 \times 40 =$ ☐

$4 \times 4 =$ ☐

㉛ $60 \times 30 =$ ☐

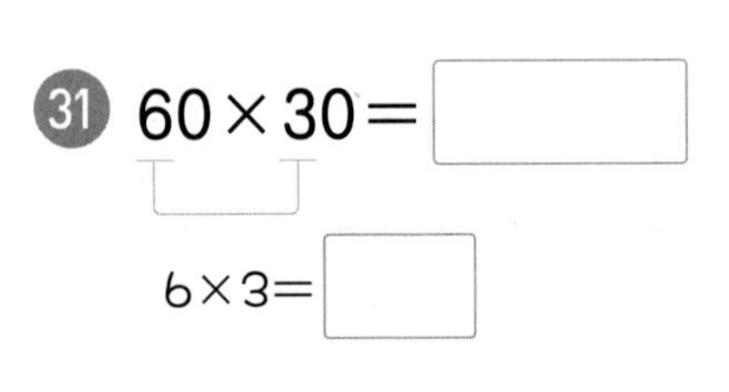

$6 \times 3 =$ ☐

㉜ $70 \times 70 =$ ☐

$7 \times 7 =$ ☐

㉝ $10 \times 60 =$

㉞ $50 \times 70 =$

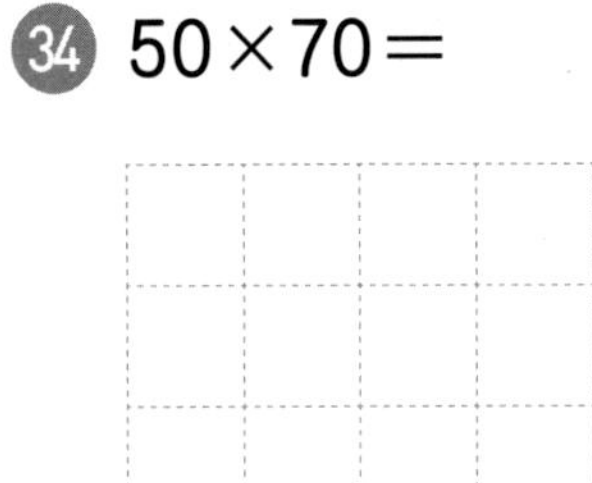

㉟ $80 \times 90 =$

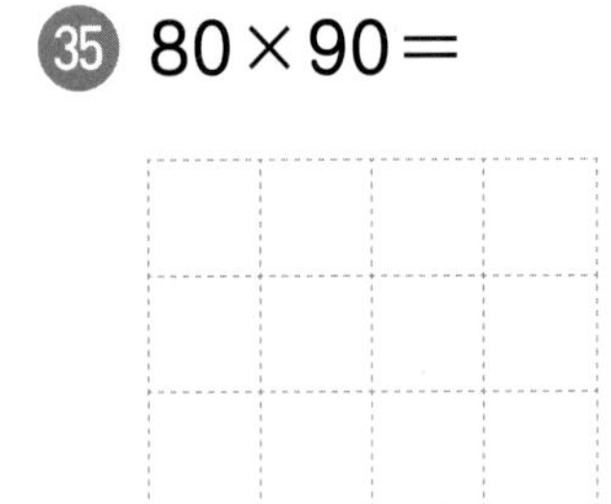

㊱ $26 \times 80 =$

㊲ $39 \times 30 =$

㊳ $43 \times 60 =$

㊴ $56 \times 70 =$

㊵ $61 \times 50 =$

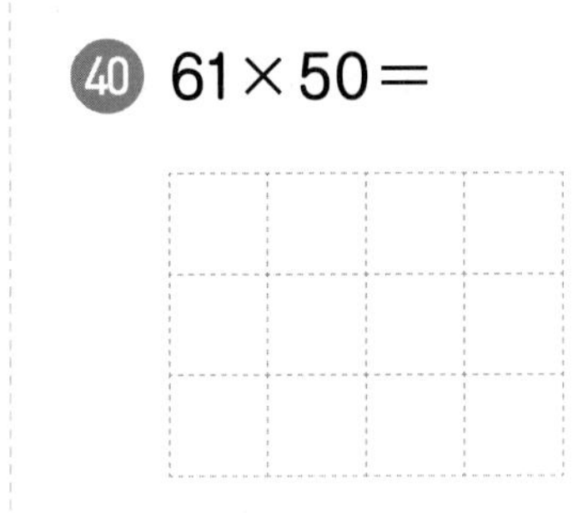

㊶ $74 \times 40 =$

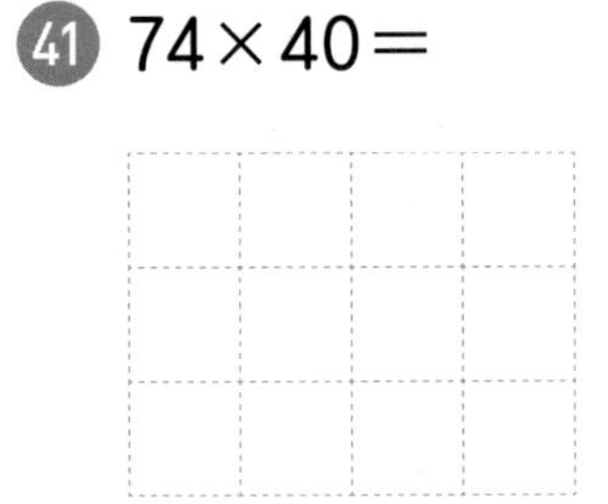

㊷ $85 \times 60 =$

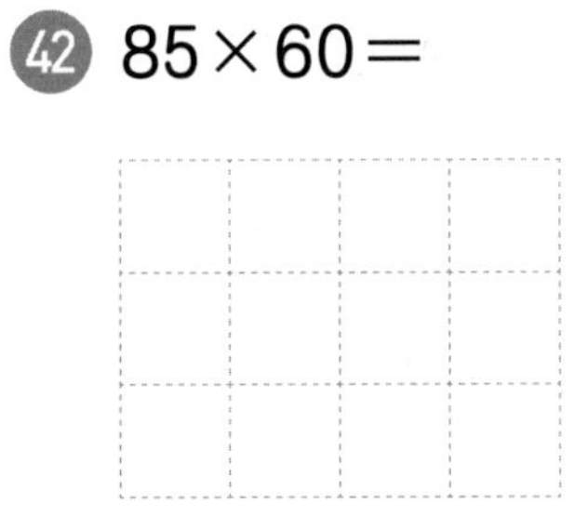

㊸ $20 \times 50 =$

㊹ $30 \times 70 =$

㊺ $40 \times 30 =$

㊻ $50 \times 20 =$

㊼ $60 \times 40 =$

㊽ $70 \times 30 =$

㊾ $80 \times 50 =$

㊿ $90 \times 40 =$

51 $17 \times 50 =$

52 $21 \times 60 =$

53 $29 \times 30 =$

54 $33 \times 40 =$

55 $39 \times 80 =$

56 $42 \times 90 =$

57 $47 \times 60 =$

58 $52 \times 30 =$

59 $57 \times 20 =$

60 $65 \times 70 =$

61 $73 \times 40 =$

62 $87 \times 30 =$

63 $92 \times 50 =$

(몇)×(몇십몇)

3×25의 계산

- (몇)×(몇)과 (몇)×(몇십)으로 나누어 계산합니다.
- 일의 자리에서 올림한 수는 십의 자리의 곱에 더하고, 십의 자리에서 올림한 수는 백의 자리에 씁니다.

	1	
		3
×	2	5
		5

3×5=15

→

	1	
		3
×	2	5
	7	5

3×2=6, 6+1=7

계산해 보세요.

❶

		2
×	4	1

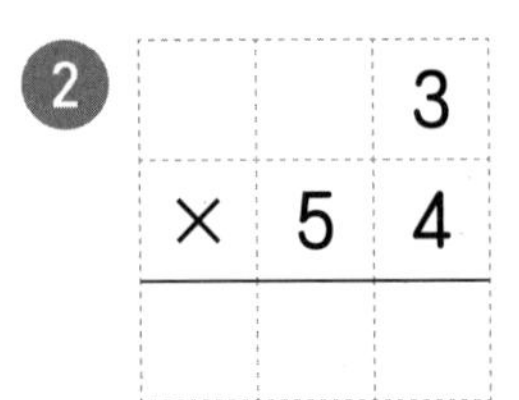

❷

		3
×	5	4

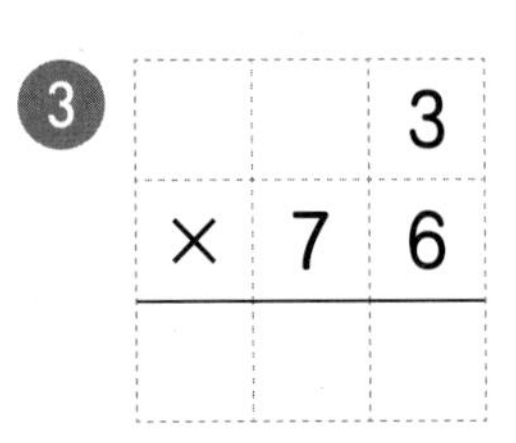

❸

		3
×	7	6

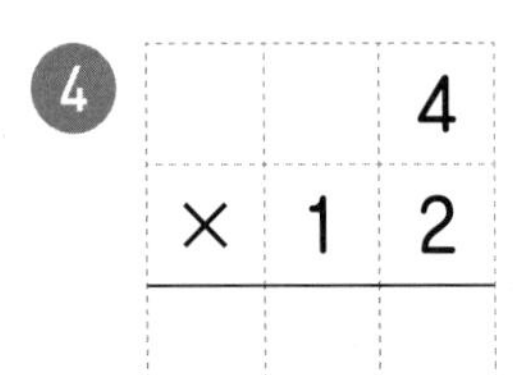

❹

		4
×	1	2

❺

		5
×	2	3

❻

		6
×	3	5

❼

		7
×	2	5

❽

		8
×	3	2

❾

		9
×	7	2

⑩ $\begin{array}{r} 2 \\ \times\ 15 \\ \hline \end{array}$

⑪ $\begin{array}{r} 2 \\ \times\ 36 \\ \hline \end{array}$

⑫ $\begin{array}{r} 2 \\ \times\ 58 \\ \hline \end{array}$

⑬ $\begin{array}{r} 3 \\ \times\ 27 \\ \hline \end{array}$

⑭ $\begin{array}{r} 3 \\ \times\ 63 \\ \hline \end{array}$

⑮ $\begin{array}{r} 4 \\ \times\ 55 \\ \hline \end{array}$

⑯ $\begin{array}{r} 4 \\ \times\ 62 \\ \hline \end{array}$

⑰ $\begin{array}{r} 5 \\ \times\ 14 \\ \hline \end{array}$

⑱ $\begin{array}{r} 5 \\ \times\ 37 \\ \hline \end{array}$

⑲ $\begin{array}{r} 6 \\ \times\ 18 \\ \hline \end{array}$

⑳ $\begin{array}{r} 6 \\ \times\ 86 \\ \hline \end{array}$

㉑ $\begin{array}{r} 7 \\ \times\ 18 \\ \hline \end{array}$

㉒ $\begin{array}{r} 7 \\ \times\ 36 \\ \hline \end{array}$

㉓ $\begin{array}{r} 7 \\ \times\ 63 \\ \hline \end{array}$

㉔ $\begin{array}{r} 8 \\ \times\ 26 \\ \hline \end{array}$

㉕ $\begin{array}{r} 8 \\ \times\ 61 \\ \hline \end{array}$

㉖ $\begin{array}{r} 9 \\ \times\ 15 \\ \hline \end{array}$

㉗ $\begin{array}{r} 9 \\ \times\ 27 \\ \hline \end{array}$

● 계산해 보세요.

㉘ $2 \times 32 =$

㉙ $2 \times 51 =$

㉚ $3 \times 26 =$

㉛ $3 \times 42 =$

㉜ $4 \times 27 =$

㉝ $4 \times 35 =$

㉞ $4 \times 84 =$

㉟ $5 \times 19 =$

㊱ $5 \times 65 =$

㊲ $6 \times 42 =$

㊳ $6 \times 76 =$

㊴ $7 \times 52 =$

㊵ $8 \times 47 =$

㊶ $9 \times 28 =$

㊷ $9 \times 55 =$

㊸ $2 \times 48 =$

㊹ $2 \times 63 =$

㊺ $3 \times 16 =$

㊻ $3 \times 49 =$

㊼ $3 \times 61 =$

㊽ $4 \times 32 =$

㊾ $4 \times 59 =$

㊿ $4 \times 74 =$

51 $5 \times 27 =$

52 $5 \times 38 =$

53 $5 \times 53 =$

54 $6 \times 21 =$

55 $6 \times 32 =$

56 $6 \times 45 =$

57 $7 \times 34 =$

58 $7 \times 75 =$

59 $7 \times 81 =$

60 $8 \times 29 =$

61 $8 \times 63 =$

62 $9 \times 47 =$

63 $9 \times 62 =$

08 올림이 없는 (몇십몇)×(몇십몇)

14×12의 계산

(몇십몇)×(몇)과 (몇십몇)×(몇십)으로 나누어 각각 계산한 후 두 곱을 더합니다.

$$\begin{array}{r} 14 \\ \times\ 12 \\ \hline 28 \end{array} \quad \rightarrow \quad \begin{array}{r} 14 \\ \times\ 12 \\ \hline 28 \\ 140 \end{array} \quad \rightarrow \quad \begin{array}{r} 14 \\ \times\ 12 \\ \hline 28 \\ 140 \\ \hline 168 \end{array}$$

14×2=28

14×10=140

28+140=168

계산해 보세요.

❶
$$\begin{array}{r} 12 \\ \times\ 31 \\ \hline \end{array}$$

❷
$$\begin{array}{r} 18 \\ \times\ 11 \\ \hline \end{array}$$

❸
$$\begin{array}{r} 21 \\ \times\ 14 \\ \hline \end{array}$$

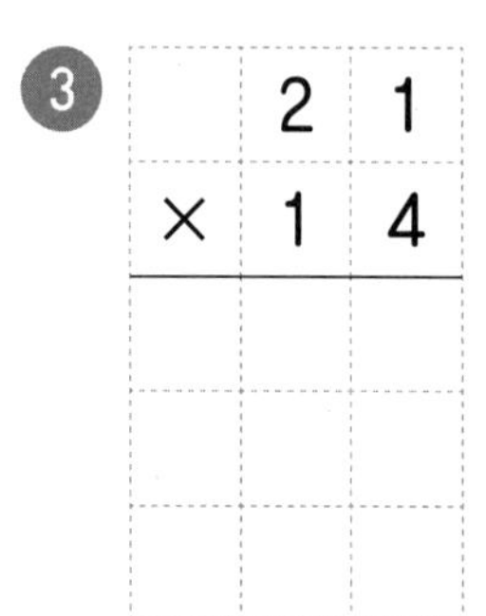

❹
$$\begin{array}{r} 32 \\ \times\ 11 \\ \hline \end{array}$$

❺
$$\begin{array}{r} 45 \\ \times\ 11 \\ \hline \end{array}$$

❻
$$\begin{array}{r} 64 \\ \times\ 11 \\ \hline \end{array}$$

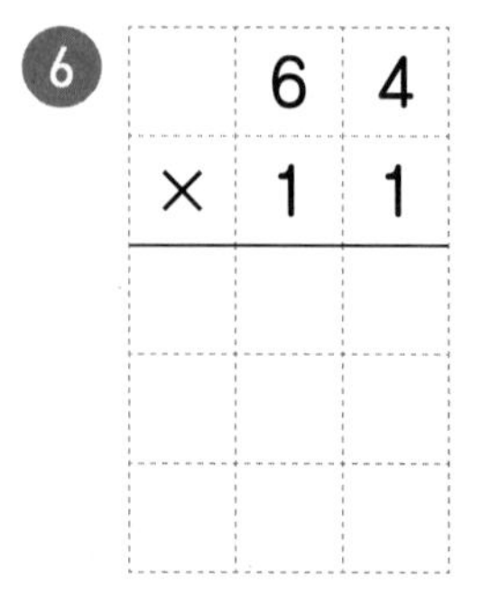

⑦ $\begin{array}{r} 11 \\ \times\ 14 \\ \hline \end{array}$

⑧ $\begin{array}{r} 12 \\ \times\ 12 \\ \hline \end{array}$

⑨ $\begin{array}{r} 12 \\ \times\ 21 \\ \hline \end{array}$

⑩ $\begin{array}{r} 13 \\ \times\ 13 \\ \hline \end{array}$

⑪ $\begin{array}{r} 22 \\ \times\ 14 \\ \hline \end{array}$

⑫ $\begin{array}{r} 23 \\ \times\ 21 \\ \hline \end{array}$

⑬ $\begin{array}{r} 24 \\ \times\ 11 \\ \hline \end{array}$

⑭ $\begin{array}{r} 31 \\ \times\ 21 \\ \hline \end{array}$

⑮ $\begin{array}{r} 32 \\ \times\ 31 \\ \hline \end{array}$

⑯ $\begin{array}{r} 33 \\ \times\ 12 \\ \hline \end{array}$

⑰ $\begin{array}{r} 42 \\ \times\ 12 \\ \hline \end{array}$

⑱ $\begin{array}{r} 44 \\ \times\ 21 \\ \hline \end{array}$

⑲ $\begin{array}{r} 53 \\ \times\ 11 \\ \hline \end{array}$

⑳ $\begin{array}{r} 61 \\ \times\ 11 \\ \hline \end{array}$

㉑ $\begin{array}{r} 72 \\ \times\ 11 \\ \hline \end{array}$

○ 계산해 보세요.

㉒ $11 \times 13 =$

㉓ $12 \times 34 =$

㉔ $21 \times 12 =$

㉕ $22 \times 22 =$

㉖ $31 \times 12 =$

㉗ $32 \times 13 =$

㉘ $42 \times 11 =$

㉙ $44 \times 11 =$

㉚ $51 \times 11 =$

㉛ $63 \times 11 =$

㉜ $67 \times 11 =$

㉝ $71 \times 11 =$

㉞ $11\times12=$

㉟ $11\times17=$

㊱ $12\times13=$

㊲ $12\times24=$

㊳ $13\times22=$

㊴ $14\times11=$

㊵ $15\times11=$

㊶ $19\times11=$

㊷ $21\times13=$

㊸ $23\times12=$

㊹ $24\times21=$

㊺ $26\times11=$

㊻ $27\times11=$

㊼ $31\times13=$

㊽ $33\times22=$

㊾ $34\times21=$

㊿ $37\times11=$

51 $39\times11=$

52 $43\times12=$

53 $44\times22=$

54 $54\times11=$

공부한 날짜 월 일

올림이 한 번 있는 (몇십몇)×(몇십몇)

13×24의 계산

	1	3
×	2	4
	5	2

13×4=52

→

	1	3
×	2	4
	5	2
2	6	0

13×20=260

→

	1	3
×	2	4
	5	2
2	6	0
3	1	2

52+260=312

계산해 보세요.

①

		1	2
	×	1	8

②

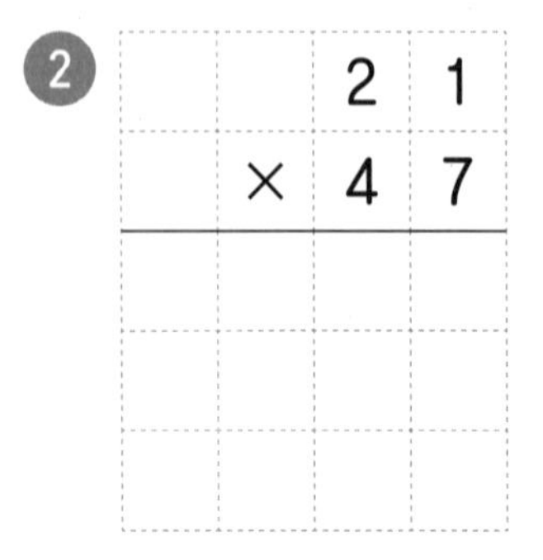

③

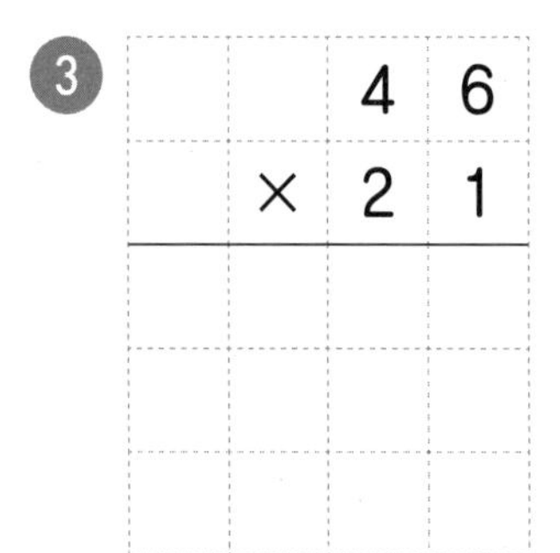

④

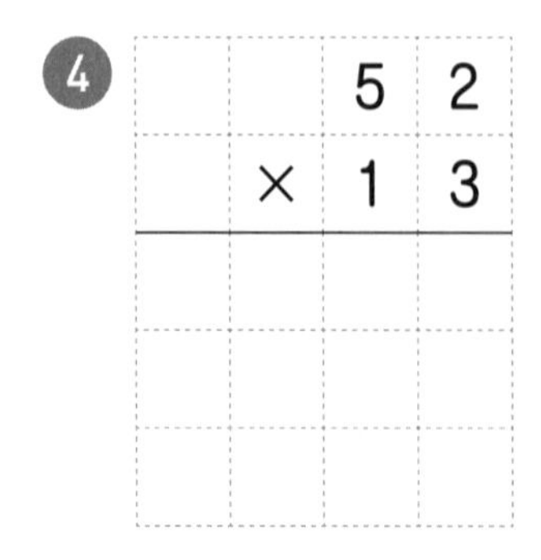

⑤

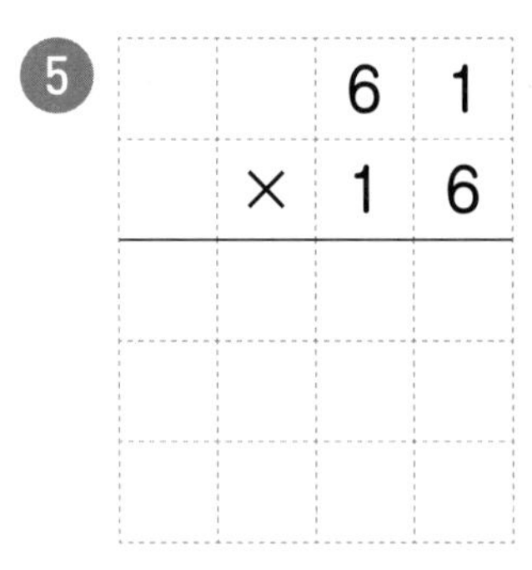

⑥

		7	4
	×	2	1

⑦ $\begin{array}{r} 14 \\ \times\ 17 \\ \hline \end{array}$

⑧ $\begin{array}{r} 15 \\ \times\ 12 \\ \hline \end{array}$

⑨ $\begin{array}{r} 18 \\ \times\ 13 \\ \hline \end{array}$

⑩ $\begin{array}{r} 21 \\ \times\ 16 \\ \hline \end{array}$

⑪ $\begin{array}{r} 23 \\ \times\ 42 \\ \hline \end{array}$

⑫ $\begin{array}{r} 31 \\ \times\ 14 \\ \hline \end{array}$

⑬ $\begin{array}{r} 35 \\ \times\ 12 \\ \hline \end{array}$

⑭ $\begin{array}{r} 46 \\ \times\ 12 \\ \hline \end{array}$

⑮ $\begin{array}{r} 51 \\ \times\ 13 \\ \hline \end{array}$

⑯ $\begin{array}{r} 61 \\ \times\ 21 \\ \hline \end{array}$

⑰ $\begin{array}{r} 64 \\ \times\ 12 \\ \hline \end{array}$

⑱ $\begin{array}{r} 72 \\ \times\ 14 \\ \hline \end{array}$

⑲ $\begin{array}{r} 82 \\ \times\ 31 \\ \hline \end{array}$

⑳ $\begin{array}{r} 84 \\ \times\ 12 \\ \hline \end{array}$

㉑ $\begin{array}{r} 91 \\ \times\ 17 \\ \hline \end{array}$

● 계산해 보세요.

㉒ $12 \times 15 =$

㉓ $16 \times 31 =$

㉔ $21 \times 82 =$

㉕ $24 \times 13 =$

㉖ $31 \times 72 =$

㉗ $32 \times 24 =$

㉘ $51 \times 41 =$

㉙ $61 \times 15 =$

㉚ $62 \times 14 =$

㉛ $72 \times 13 =$

㉜ $81 \times 91 =$

㉝ $92 \times 12 =$

㉞ $14 \times 26 =$

㉟ $17 \times 41 =$

㊱ $25 \times 12 =$

㊲ $26 \times 13 =$

㊳ $31 \times 53 =$

㊴ $32 \times 43 =$

㊵ $41 \times 72 =$

㊶ $42 \times 24 =$

㊷ $45 \times 12 =$

㊸ $51 \times 16 =$

㊹ $53 \times 12 =$

㊺ $61 \times 31 =$

㊻ $62 \times 13 =$

㊼ $63 \times 12 =$

㊽ $71 \times 17 =$

㊾ $73 \times 21 =$

㊿ $81 \times 71 =$

(51) $82 \times 41 =$

(52) $83 \times 13 =$

(53) $91 \times 21 =$

(54) $94 \times 12 =$

공부한 날짜 월 일

10 올림이 여러 번 있는 (몇십몇)×(몇십몇)

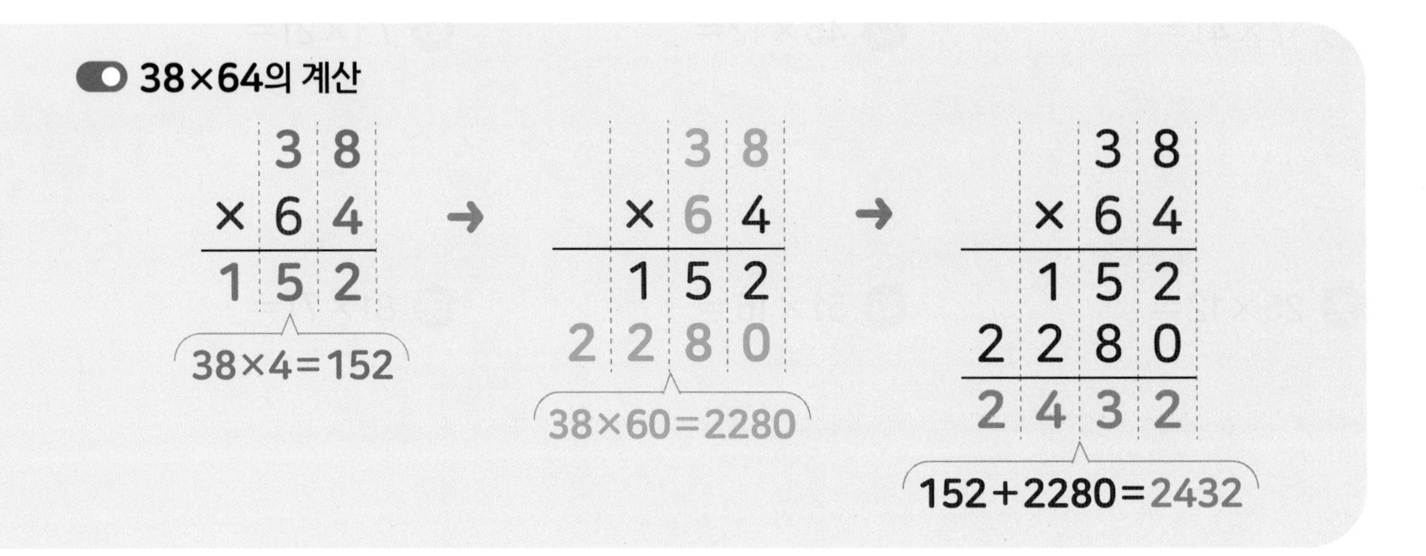

계산해 보세요.

①
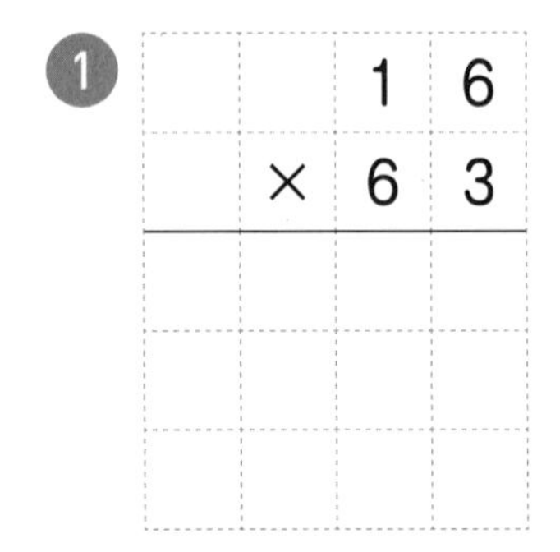

②
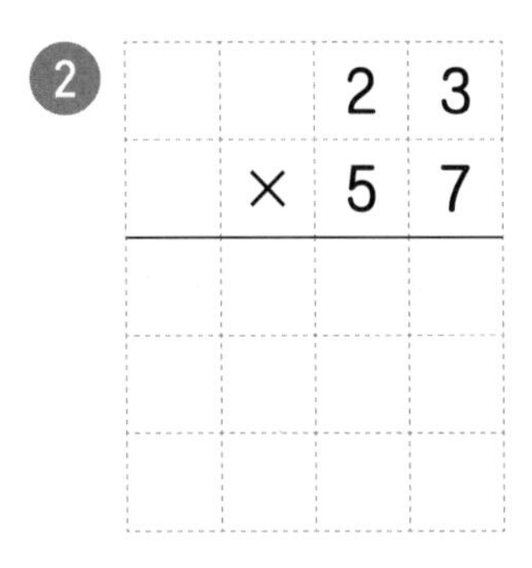

③
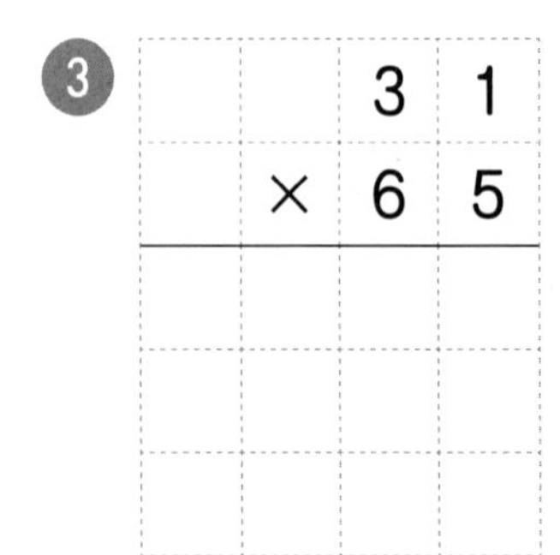

④
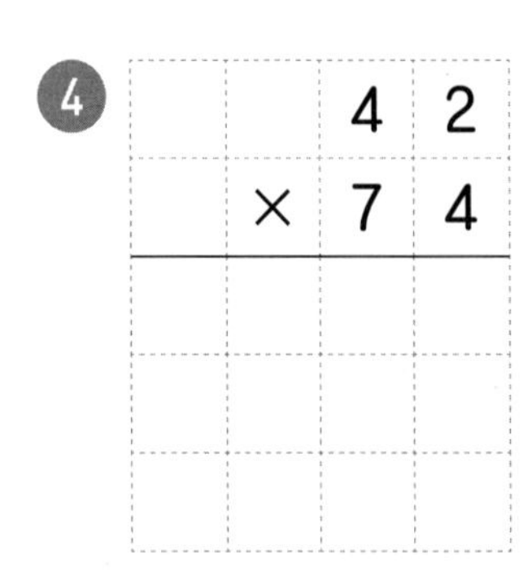

⑤
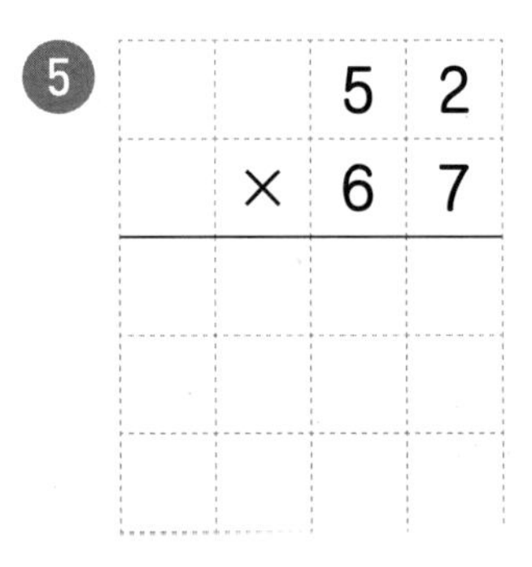

⑥

		6	1
	×	2	6

⑦ 17×79

⑧ 26×57

⑨ 29×75

⑩ 32×66

⑪ 35×34

⑫ 42×82

⑬ 48×61

⑭ 53×27

⑮ 54×54

⑯ 63×47

⑰ 72×69

⑱ 74×83

⑲ 83×18

⑳ 91×25

㉑ 92×29

● 계산해 보세요.

㉒ 12×87=

㉓ 17×59=

㉔ 23×72=

㉕ 26×89=

㉖ 34×49=

㉗ 48×54=

㉘ 55×39=

㉙ 56×22=

㉚ 61×93=

㉛ 73×17=

㉜ 75×53=

㉝ 85×41=

㉞ $18 \times 93 =$

㉟ $21 \times 79 =$

㊱ $23 \times 47 =$

㊲ $28 \times 38 =$

㊳ $31 \times 79 =$

㊴ $35 \times 36 =$

㊵ $38 \times 42 =$

㊶ $42 \times 45 =$

㊷ $47 \times 63 =$

㊸ $51 \times 82 =$

㊹ $52 \times 46 =$

㊺ $57 \times 33 =$

㊻ $62 \times 34 =$

㊼ $65 \times 27 =$

㊽ $69 \times 42 =$

㊾ $72 \times 64 =$

㊿ $73 \times 52 =$

51 $82 \times 46 =$

52 $86 \times 97 =$

53 $93 \times 35 =$

54 $97 \times 16 =$

11 계산 Plus+

(몇십몇)×(몇십몇)

빈칸에 알맞은 수를 써넣으세요.

1
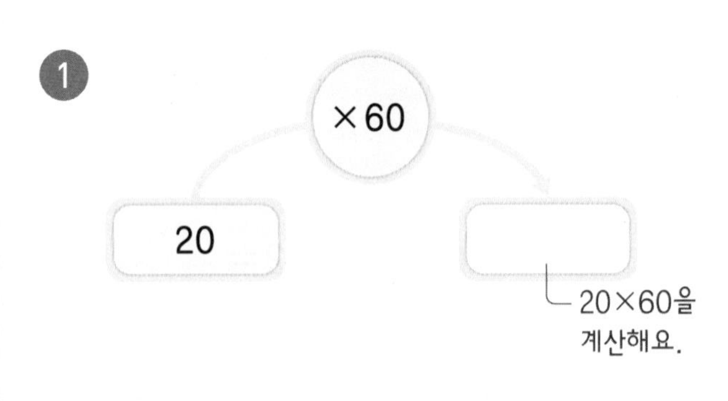

2
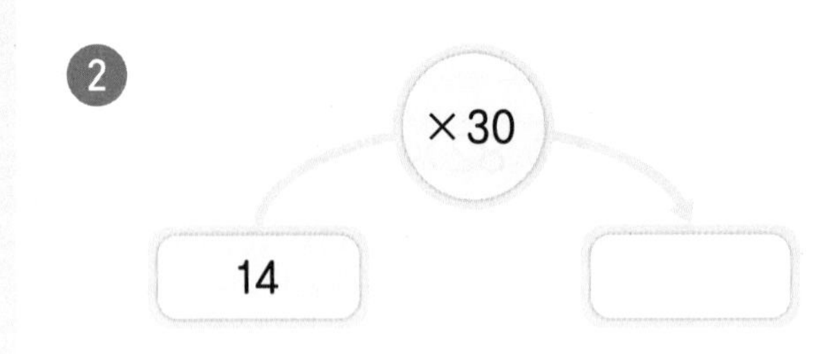

3
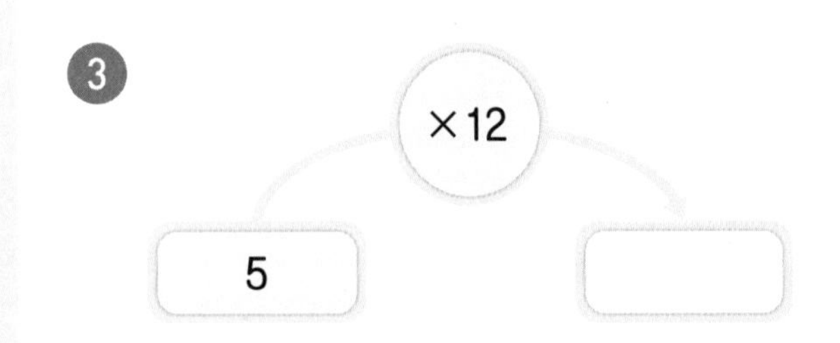

4
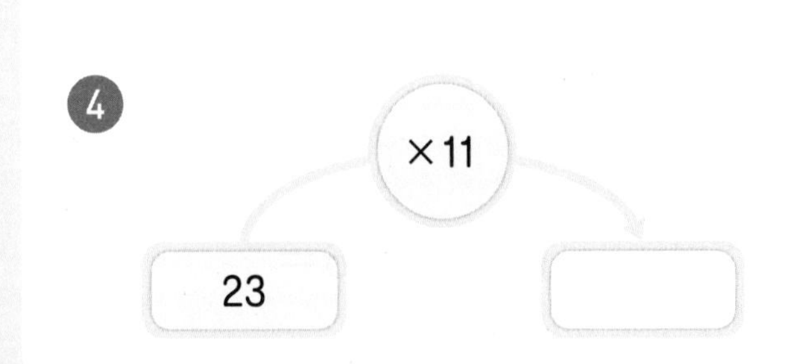

5
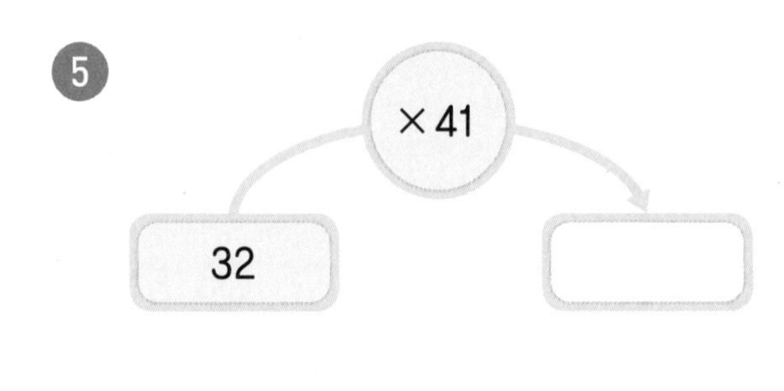

6
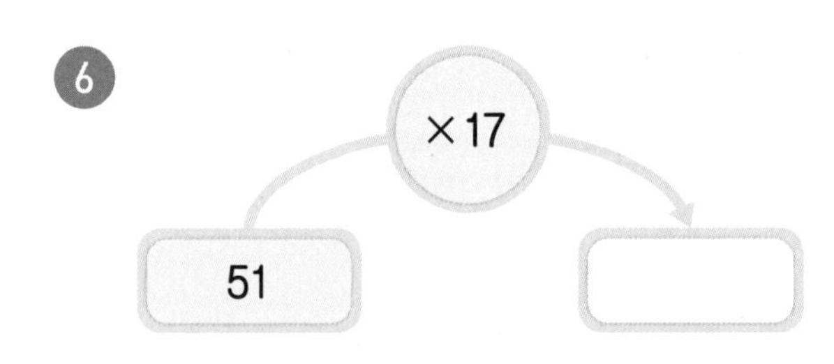

7
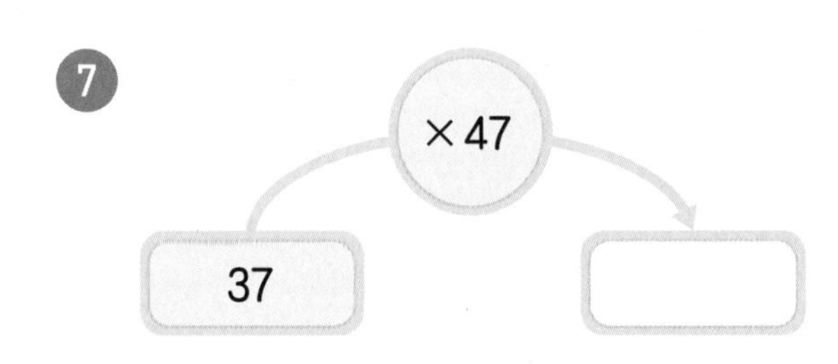

8
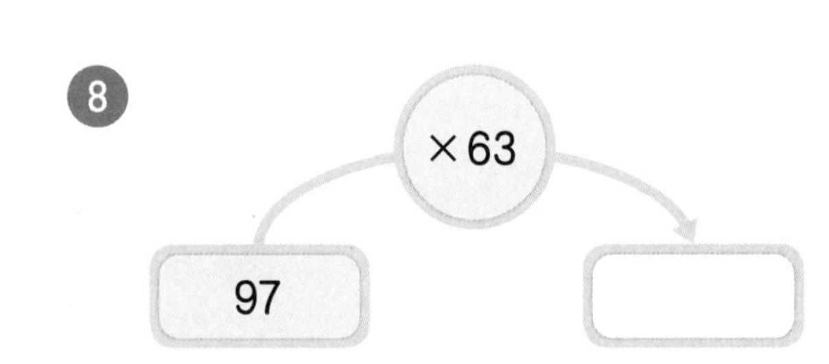

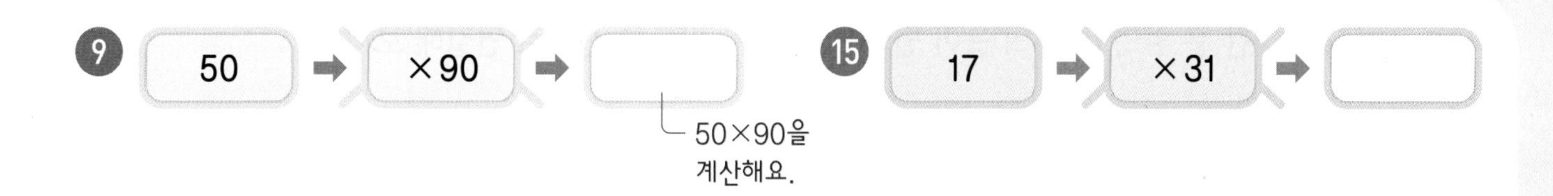

⑩ 25 → ×60 → ☐

⑪ 3 → ×69 → ☐

⑫ 7 → ×53 → ☐

⑬ 41 → ×12 → ☐

⑭ 65 → ×11 → ☐

⑯ 61 → ×14 → ☐

⑰ 18 → ×96 → ☐

⑱ 45 → ×23 → ☐

⑲ 67 → ×78 → ☐

⑳ 81 → ×29 → ☐

◎ 꿀벌이 지나간 꽃 위의 두 수의 곱이 벌집 안의 수가 되도록 선으로 연결해 보세요.

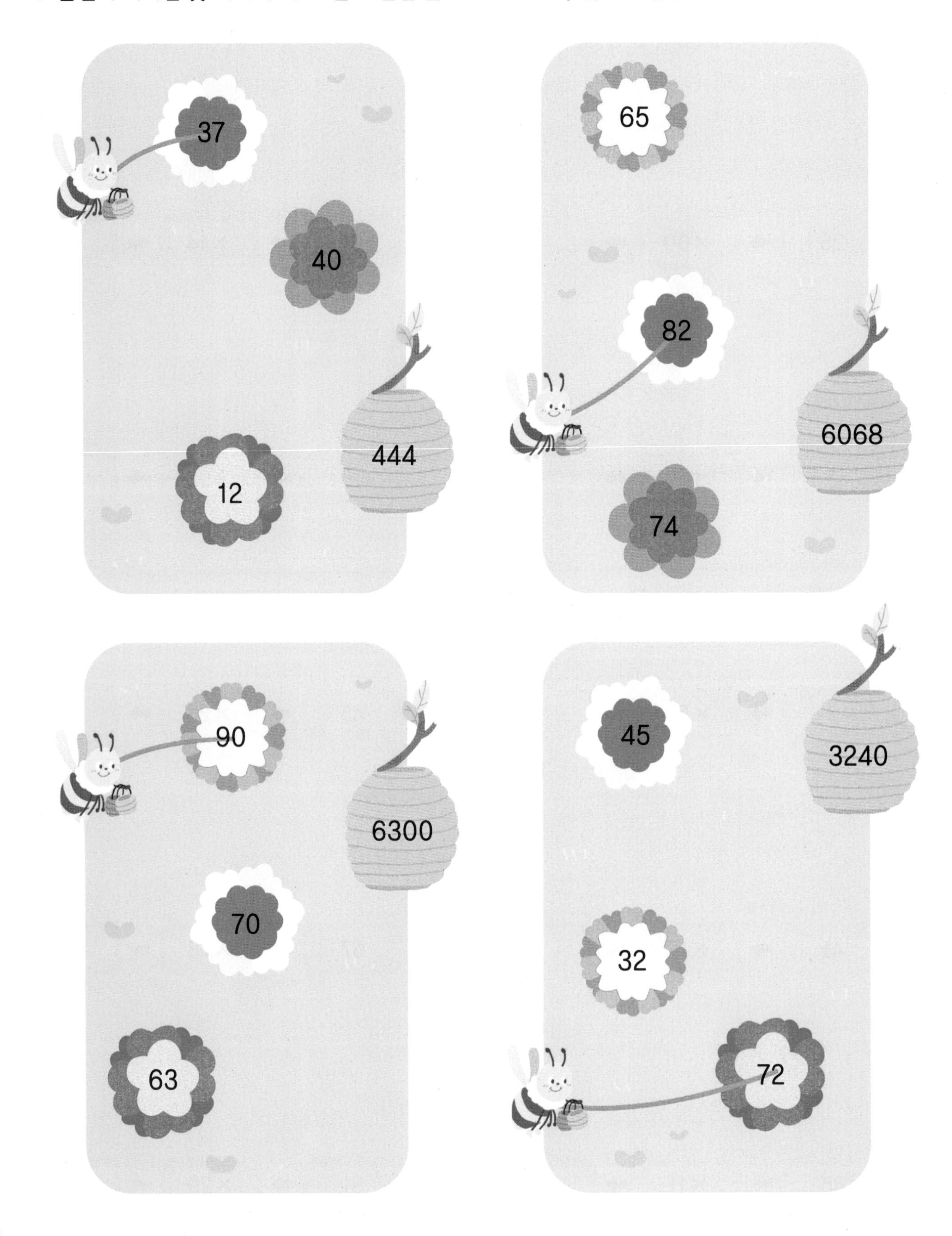

◎ 세로 열쇠와 가로 열쇠를 보고 퍼즐을 완성해 보세요.

세로 열쇠

❶ 5×68

❸ 51×14

❹ 91×84

가로 열쇠

❷ 55×74

❺ 17×52

❻ 7×61

12 곱셈 평가

공부한 날짜 월 일

○ 계산해 보세요.

①
$$\begin{array}{r} 2\ 1\ 4 \\ \times \quad\quad 2 \\ \hline \end{array}$$

②
$$\begin{array}{r} 4\ 3\ 9 \\ \times \quad\quad 2 \\ \hline \end{array}$$

③
$$\begin{array}{r} 1\ 7\ 5 \\ \times \quad\quad 3 \\ \hline \end{array}$$

④
$$\begin{array}{r} 7\ 6\ 4 \\ \times \quad\quad 5 \\ \hline \end{array}$$

⑤
$$\begin{array}{r} 9\ 6\ 2 \\ \times \quad\quad 6 \\ \hline \end{array}$$

⑥
$$\begin{array}{r} 7\ 0 \\ \times\ 9\ 0 \\ \hline \end{array}$$

⑦
$$\begin{array}{r} 8 \\ \times\ 7\ 3 \\ \hline \end{array}$$

⑧
$$\begin{array}{r} 3\ 1 \\ \times\ 3\ 2 \\ \hline \end{array}$$

⑨
$$\begin{array}{r} 4\ 3 \\ \times\ 1\ 3 \\ \hline \end{array}$$

⑩
$$\begin{array}{r} 5\ 7 \\ \times\ 4\ 6 \\ \hline \end{array}$$

⑪ $297 \times 3 =$

⑫ $593 \times 4 =$

⑬ $58 \times 80 =$

⑭ $9 \times 67 =$

⑮ $62 \times 12 =$

⑯ $91 \times 48 =$

○ 빈칸에 알맞은 수를 써넣으세요.

⑰
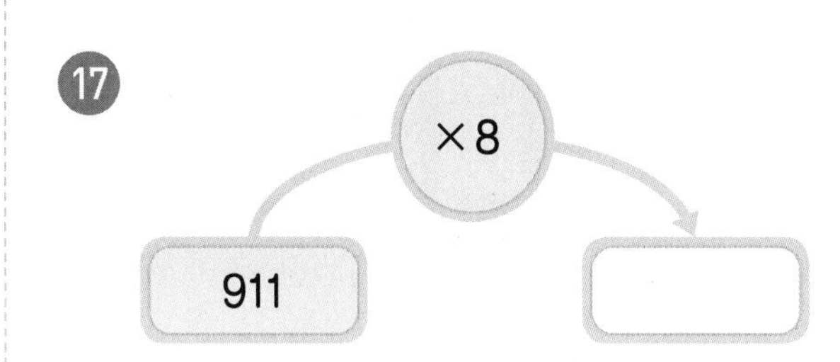

⑱
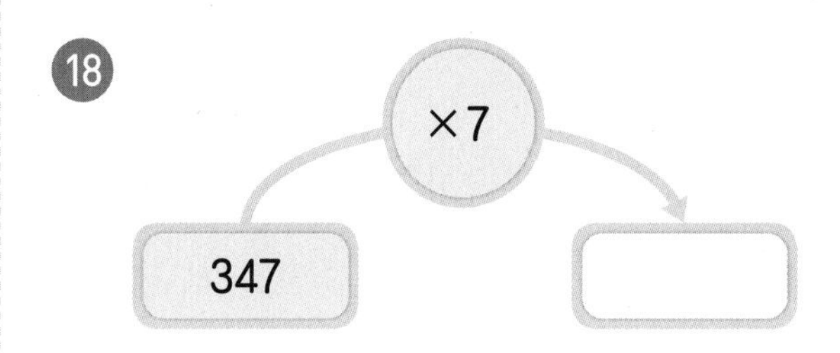

⑲
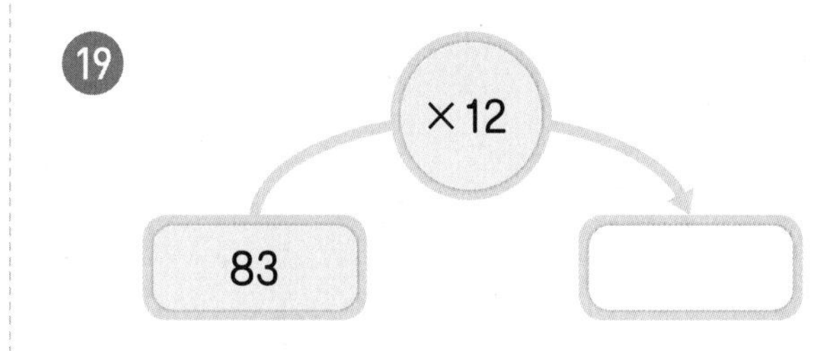

⑳
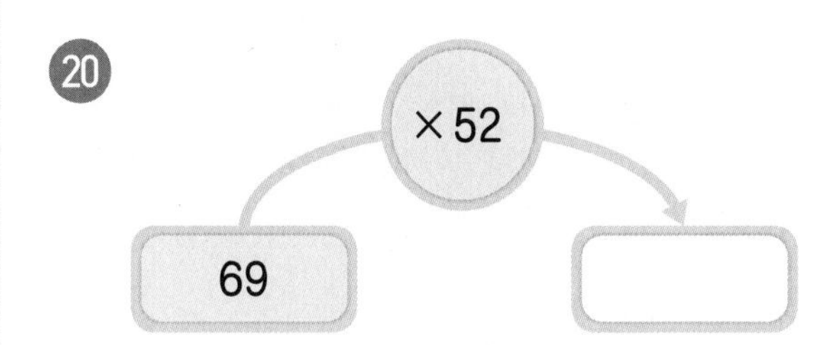

2 나눗셈

나누는 수가 **한 자리 수**인
나눗셈의 훈련이 중요한

13 (몇십)÷(몇)

40÷4의 계산

(몇)÷(몇)을 계산한 값에 0을 1개 붙입니다.

$40 \div 4 = 10$ — 0을 1개 붙입니다.

$4 \div 4 = 1$

```
    1 0
4 ) 4 0
    4
    ---
      0
```

60÷4의 계산

몇십의 십의 자리부터 순서대로 나눕니다.

```
    1                       1 5
4 ) 6 0          →      4 ) 6 0
    4 0 ← 4×10              4
    ---                     ---
    2 0                     2 0
                            2 0 ← 4×5
                            ---
                              0
```

계산해 보세요.

1 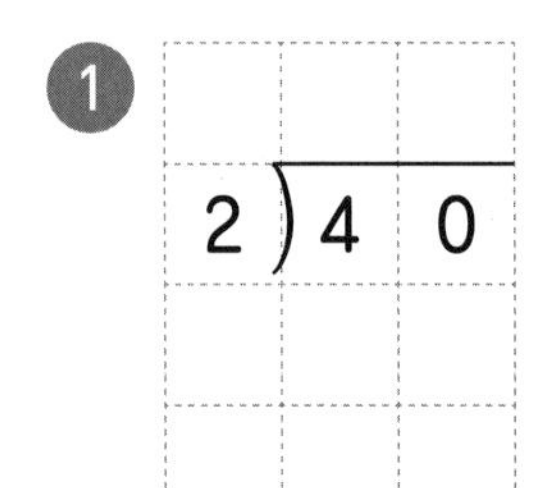
2)40

2 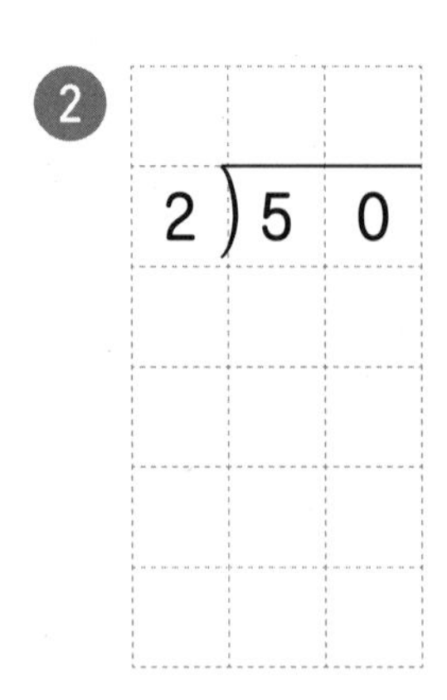
2)50

3 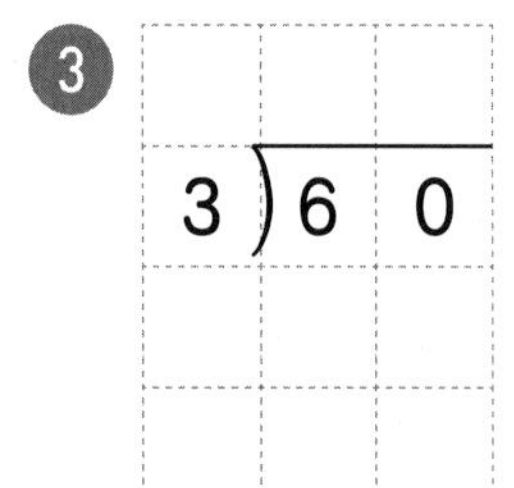
3)60

4 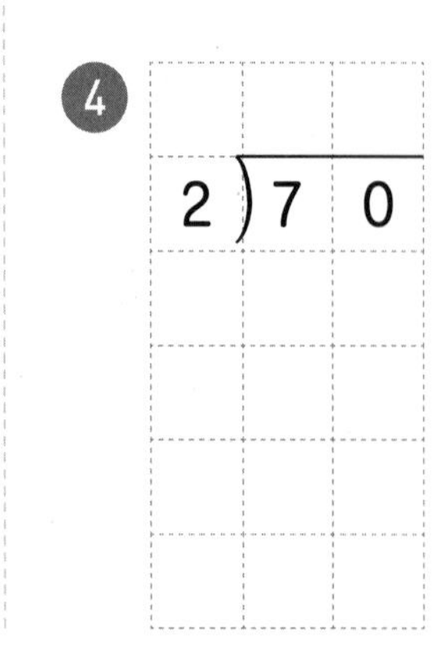
2)70

5 4)80

6 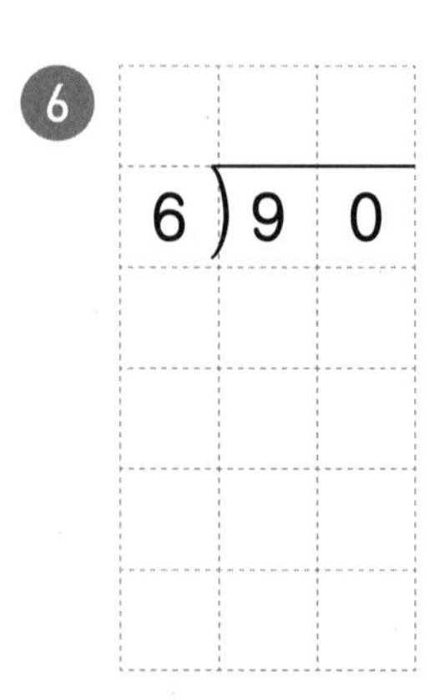
6)90

⑦ $2\overline{)20}$

⑧ $3\overline{)30}$

⑨ $5\overline{)50}$

⑩ $2\overline{)60}$

⑪ $2\overline{)80}$

⑫ $8\overline{)80}$

⑬ $3\overline{)90}$

⑭ $9\overline{)90}$

⑮ $2\overline{)30}$

⑯ $4\overline{)60}$

⑰ $5\overline{)60}$

⑱ $5\overline{)70}$

⑲ $5\overline{)80}$

⑳ $2\overline{)90}$

㉑ $5\overline{)90}$

계산해 보세요.

㉒ 30÷3=□

3÷3=□

㉓ 40÷2=□

4÷2=□

㉔ 60÷3=□

6÷3=□

㉕ 80÷4=□

8÷4=□

㉖ 90÷3=□

9÷3=□

㉗ 50÷2=

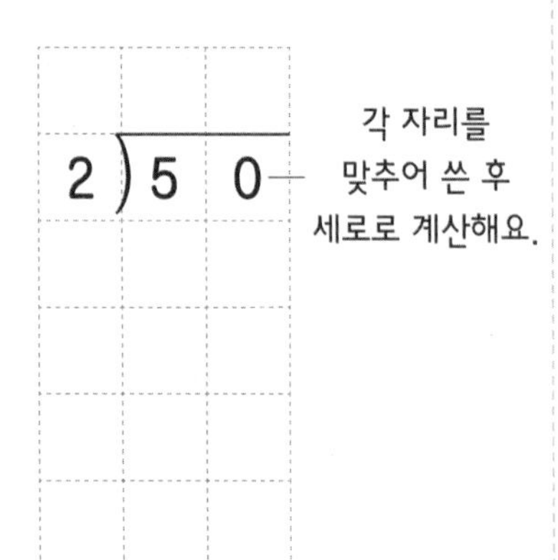

㉘ 60÷4=

㉙ 60÷5=

㉚ 70÷2=

㉛ 70÷5=

㉜ 90÷5=

㉝ $20 \div 2 =$

㉞ $30 \div 3 =$

㉟ $40 \div 4 =$

㊱ $50 \div 5 =$

㊲ $60 \div 2 =$

㊳ $60 \div 3 =$

㊴ $60 \div 6 =$

㊵ $70 \div 7 =$

㊶ $80 \div 2 =$

㊷ $80 \div 4 =$

㊸ $80 \div 8 =$

㊹ $90 \div 3 =$

㊺ $90 \div 9 =$

㊻ $30 \div 2 =$

㊼ $50 \div 2 =$

㊽ $60 \div 4 =$

㊾ $60 \div 5 =$

㊿ $70 \div 5 =$

51 $80 \div 5 =$

52 $90 \div 2 =$

53 $90 \div 6 =$

14 내림이 없는 (몇십몇)÷(몇)

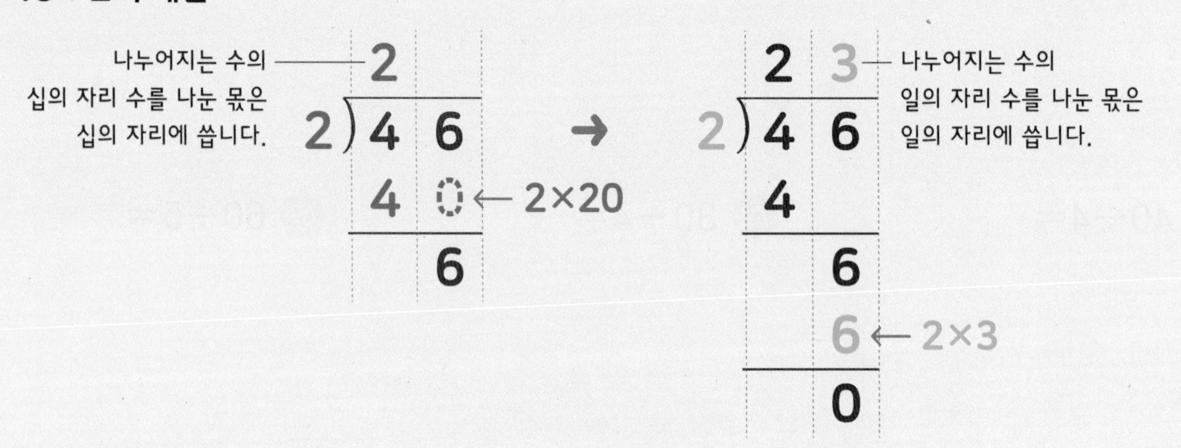

계산해 보세요.

① $2\overline{)24}$

② $3\overline{)39}$

③ $2\overline{)42}$

④ $5\overline{)55}$

⑤ $2\overline{)66}$

⑥ $4\overline{)88}$

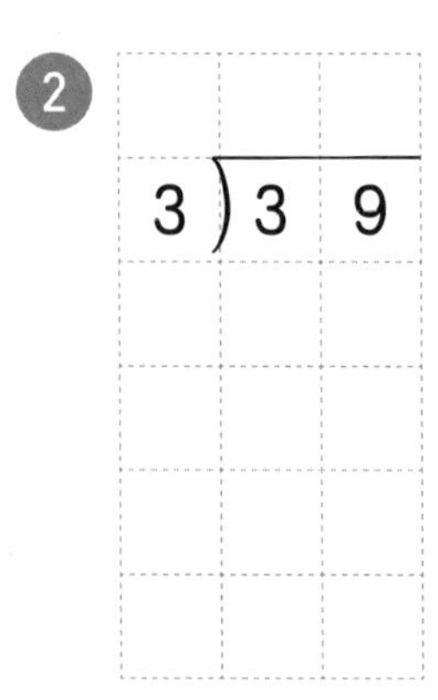

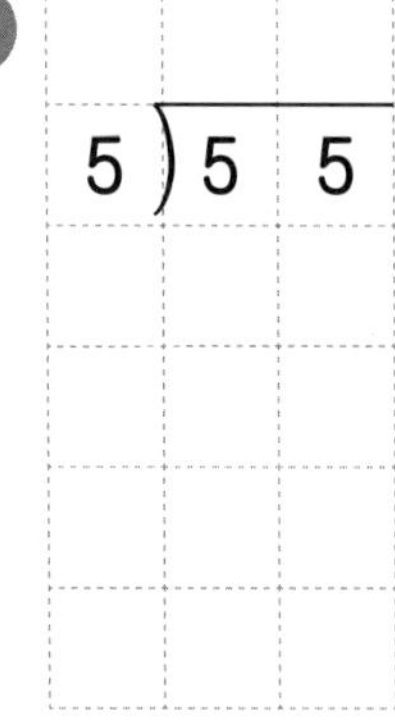

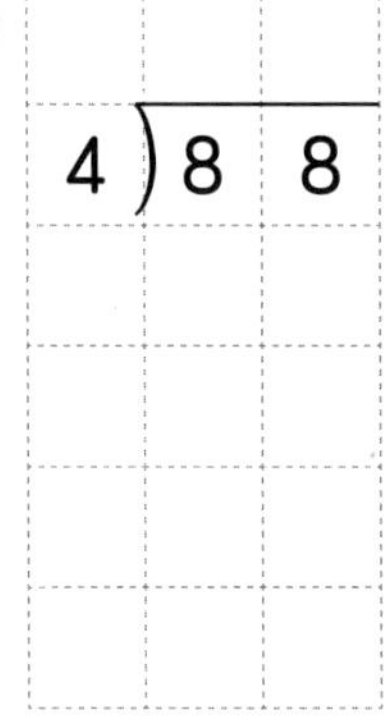

⑦ $2\overline{)22}$

⑧ $2\overline{)26}$

⑨ $3\overline{)33}$

⑩ $3\overline{)36}$

⑪ $2\overline{)48}$

⑫ $4\overline{)48}$

⑬ $3\overline{)63}$

⑭ $2\overline{)64}$

⑮ $3\overline{)69}$

⑯ $2\overline{)82}$

⑰ $2\overline{)84}$

⑱ $2\overline{)88}$

⑲ $8\overline{)88}$

⑳ $3\overline{)93}$

㉑ $3\overline{)99}$

계산해 보세요.

㉒ $28 \div 2 =$

㉓ $36 \div 3 =$

㉔ $48 \div 4 =$

㉕ $62 \div 2 =$

㉖ $66 \div 3 =$

㉗ $68 \div 2 =$

㉘ $86 \div 2 =$

㉙ $88 \div 4 =$

㉚ $99 \div 3 =$

㉛ $22 \div 2 =$

㉜ $26 \div 2 =$

㉝ $33 \div 3 =$

㉞ $39 \div 3 =$

㉟ $42 \div 2 =$

㊱ $44 \div 2 =$

㊲ $44 \div 4 =$

㊳ $46 \div 2 =$

㊴ $48 \div 2 =$

㊵ $55 \div 5 =$

㊶ $63 \div 3 =$

㊷ $64 \div 2 =$

㊸ $66 \div 2 =$

㊹ $69 \div 3 =$

㊺ $77 \div 7 =$

㊻ $82 \div 2 =$

㊼ $84 \div 4 =$

㊽ $88 \div 2 =$

㊾ $93 \div 3 =$

㊿ $96 \div 3 =$

51 $99 \div 9 =$

15 내림이 없고 나머지가 있는 (몇십몇)÷(몇)

59÷5의 계산

$$\begin{array}{r} 1 \\ 5\overline{)59} \\ \underline{50} \\ 9 \end{array} \leftarrow 5\times10 \quad \rightarrow \quad \begin{array}{r} 11 \\ 5\overline{)59} \\ \underline{5} \\ 9 \\ \underline{5} \\ 4 \end{array}$$

- 11 ← 몫
- 50 ← 5×10
- 5 ← 5×1
- 4 ← 나머지

계산해 보세요.

1. 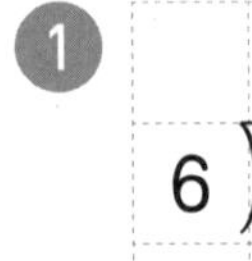
   $6\overline{)15}$

2. 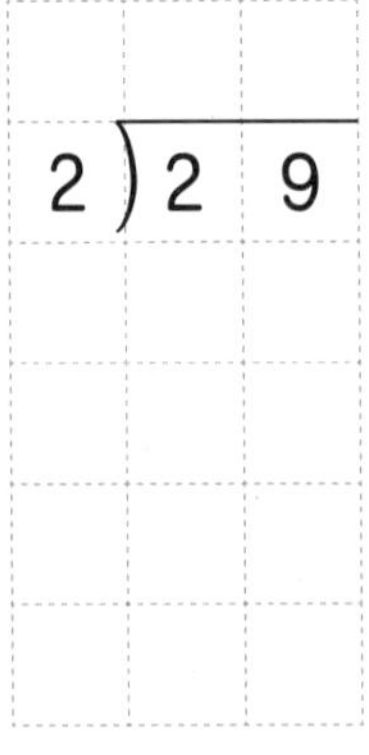
   $2\overline{)29}$

3. $4\overline{)34}$

4. 
   $5\overline{)57}$

5. 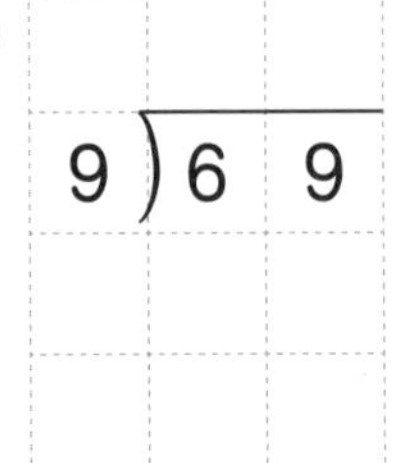
   $9\overline{)69}$

6. 
   $4\overline{)87}$

⑦ $3\overline{)17}$

⑧ $4\overline{)18}$

⑨ $5\overline{)28}$

⑩ $5\overline{)32}$

⑪ $9\overline{)39}$

⑫ $6\overline{)44}$

⑬ $8\overline{)49}$

⑭ $9\overline{)56}$

⑮ $6\overline{)59}$

⑯ $9\overline{)61}$

⑰ $4\overline{)43}$

⑱ $6\overline{)69}$

⑲ $7\overline{)79}$

⑳ $2\overline{)89}$

㉑ $3\overline{)92}$

○ 계산해 보세요.

㉒ $18 \div 5 =$

㉓ $24 \div 5 =$

㉔ $37 \div 7 =$

㉕ $43 \div 6 =$

㉖ $70 \div 9 =$

㉗ $85 \div 9 =$

㉘ $56 \div 5 =$

㉙ $86 \div 4 =$

㉚ $97 \div 3 =$

㉛ $14 \div 3 =$

㉜ $19 \div 4 =$

㉝ $23 \div 7 =$

㉞ $29 \div 6 =$

㉟ $31 \div 4 =$

36 $36 \div 5 =$

37 $39 \div 7 =$

38 $41 \div 8 =$

39 $47 \div 5 =$

40 $52 \div 7 =$

41 $65 \div 8 =$

42 $71 \div 9 =$

43 $78 \div 8 =$

44 $88 \div 9 =$

45 $43 \div 4 =$

46 $57 \div 5 =$

47 $65 \div 2 =$

48 $72 \div 7 =$

49 $83 \div 4 =$

50 $95 \div 3 =$

51 $98 \div 9 =$

계산 Plus+

(몇십)÷(몇), 내림이 없는 (몇십몇)÷(몇)

○ 빈칸에 알맞은 수를 써넣으세요.

1. 30 → ÷2 → [ ]

   30÷2를 계산해요.

2. 40 → ÷4 → [ ]

3. 60 → ÷6 → [ ]

4. 28 → ÷2 → [ ]

5. 48 → ÷4 → [ ]

6. 62 → ÷2 → [ ]

7. 88 → ÷4 → [ ]

8. 96 → ÷3 → [ ]

몫은 □ 안에, 나머지는 ○ 안에 써넣으세요.

9

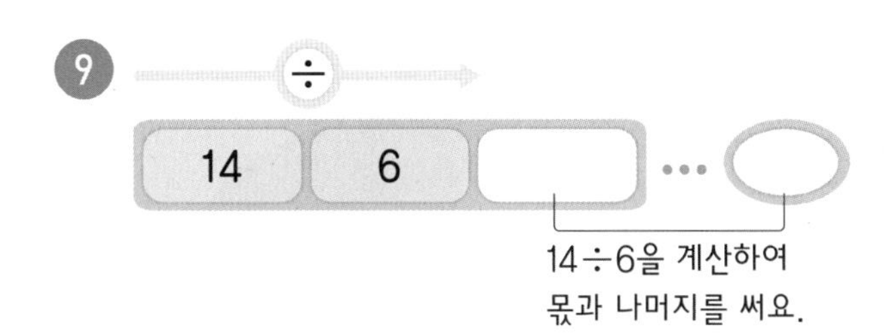

10

11

12

13

14

15

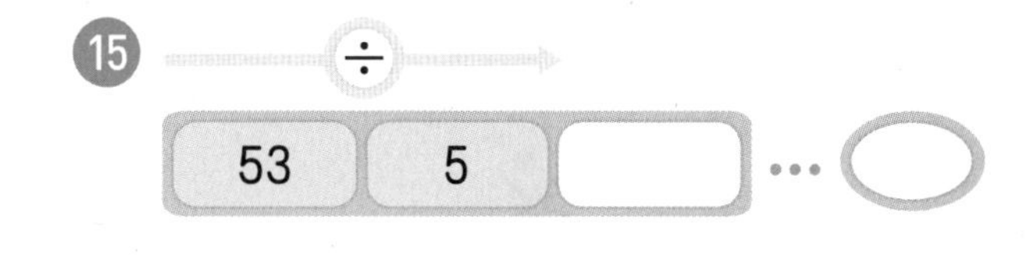

16

17

18

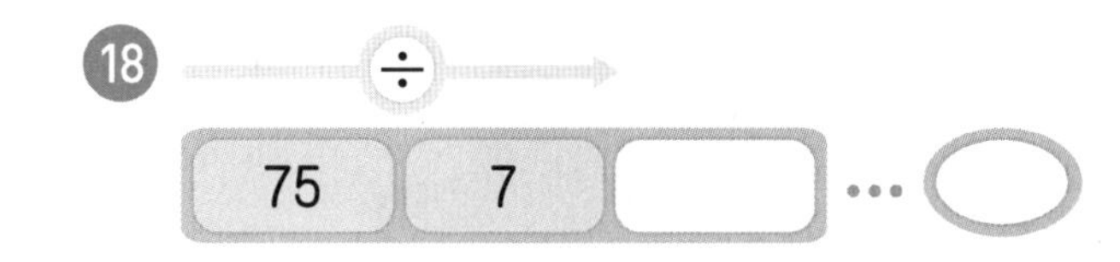

19

20

÷

97	9		··· ○

나눗셈을 하여 관계있는 것끼리 선으로 이어 보세요.

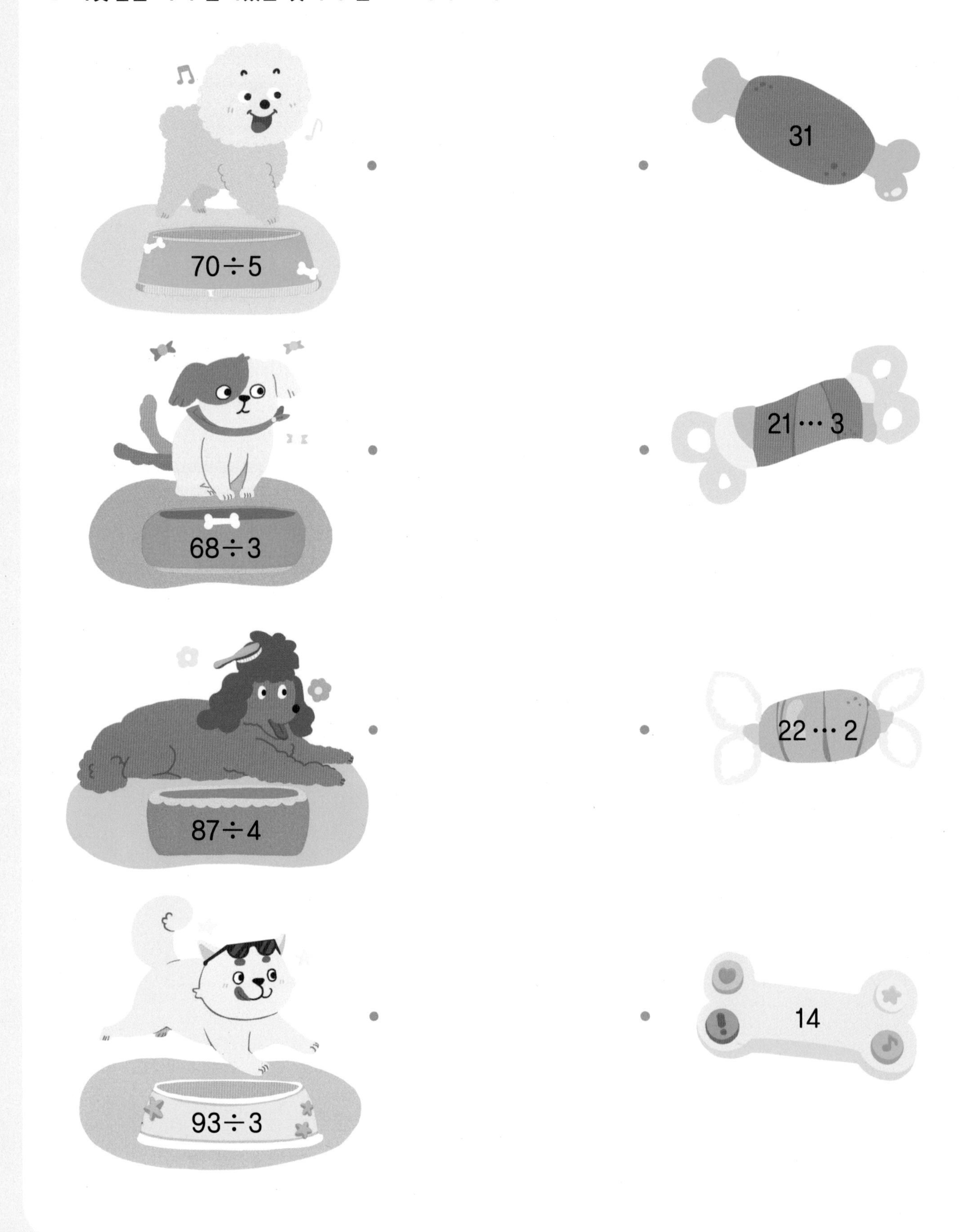

몫이 12인 사과를 모두 찾아 색칠해 보세요.

17 내림이 있는 (몇십몇)÷(몇)

78÷3의 계산

$$\begin{array}{r} 2 \\ 3\overline{)78} \\ 60 \\ \hline 18 \end{array} \leftarrow 3\times20 \quad \rightarrow \quad \begin{array}{r} 26 \\ 3\overline{)78} \\ 6 \\ \hline 18 \\ 18 \\ \hline 0 \end{array} \leftarrow 3\times6$$

계산해 보세요.

① 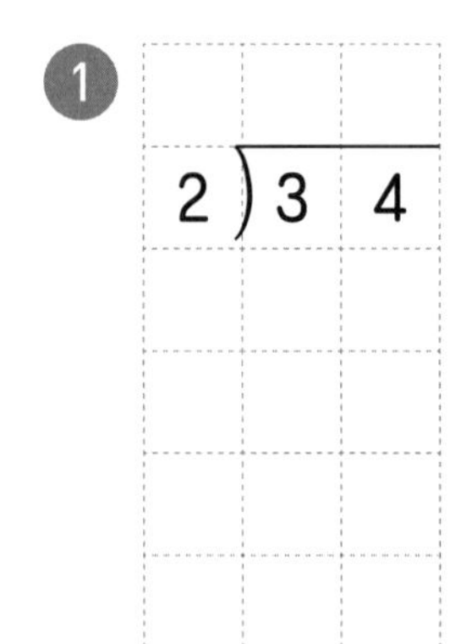

③ 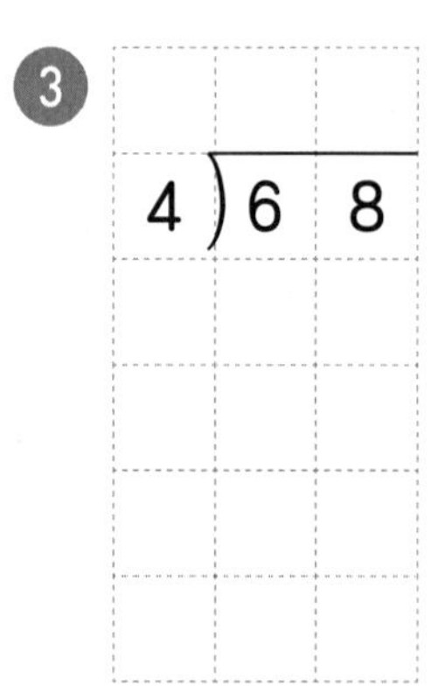

⑤ 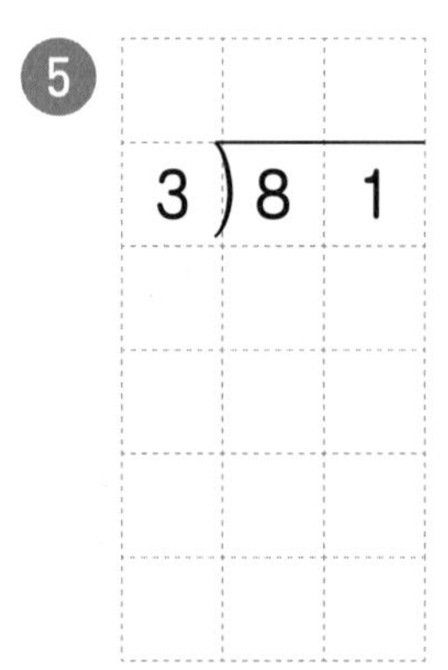

② 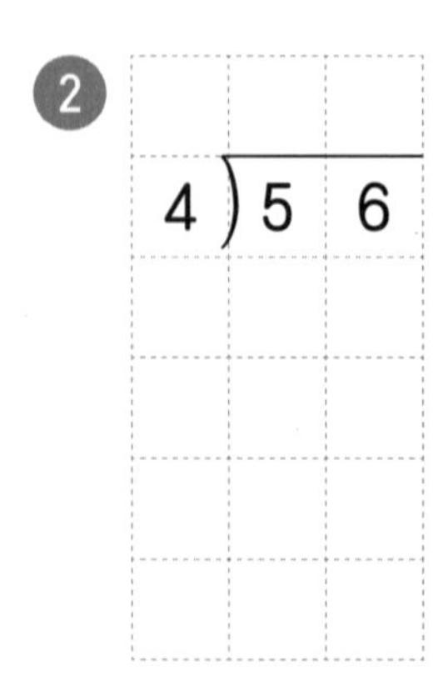

④ 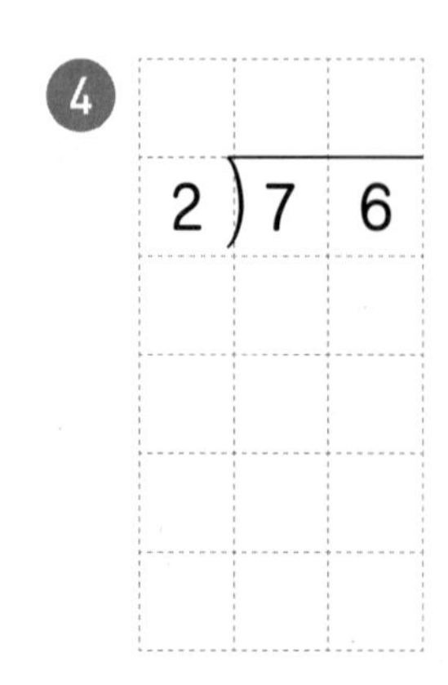

⑥ 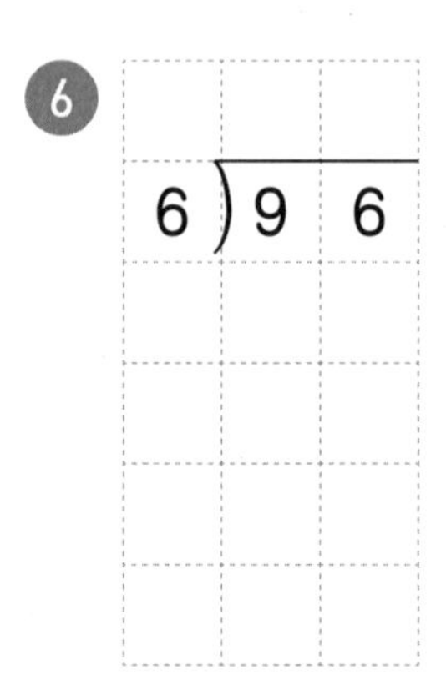

⑦ $2\overline{)38}$

⑧ $3\overline{)45}$

⑨ $2\overline{)52}$

⑩ $3\overline{)57}$

⑪ $5\overline{)65}$

⑫ $2\overline{)74}$

⑬ $5\overline{)75}$

⑭ $4\overline{)76}$

⑮ $6\overline{)78}$

⑯ $7\overline{)84}$

⑰ $3\overline{)87}$

⑱ $7\overline{)91}$

⑲ $2\overline{)92}$

⑳ $8\overline{)96}$

㉑ $2\overline{)98}$

○ 계산해 보세요.

㉒ 36÷2=

㉓ 42÷3=

㉔ 56÷2=

㉕ 64÷4=

㉖ 78÷3=

㉗ 85÷5=

㉘ 94÷2=

㉙ 95÷5=

㉚ 96÷4=

㉛ $32 \div 2 =$

㉜ $38 \div 2 =$

㉝ $48 \div 3 =$

㉞ $52 \div 4 =$

㉟ $54 \div 2 =$

㊱ $57 \div 3 =$

㊲ $58 \div 2 =$

㊳ $65 \div 5 =$

㊴ $68 \div 4 =$

㊵ $72 \div 2 =$

㊶ $72 \div 6 =$

㊷ $75 \div 3 =$

㊸ $76 \div 2 =$

㊹ $78 \div 2 =$

㊺ $78 \div 6 =$

㊻ $84 \div 3 =$

㊼ $84 \div 7 =$

㊽ $92 \div 4 =$

㊾ $96 \div 2 =$

㊿ $96 \div 8 =$

51 $98 \div 7 =$

18 내림이 있고 나머지가 있는 (몇십몇)÷(몇)

67÷4의 계산

$$\begin{array}{r} 1 \\ 4\overline{)\,6\;7} \\ 4\;0 \\ \hline 2\;7 \end{array} \leftarrow 4\times10 \quad \rightarrow \quad \begin{array}{r} 1\;6 \\ 4\overline{)\,6\;7} \\ 4 \\ \hline 2\;7 \\ 2\;4 \\ \hline 3 \end{array} \leftarrow 4\times6$$

계산해 보세요.

1
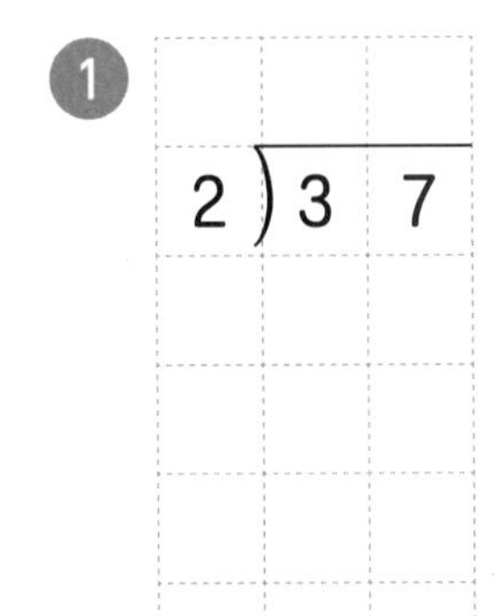

2
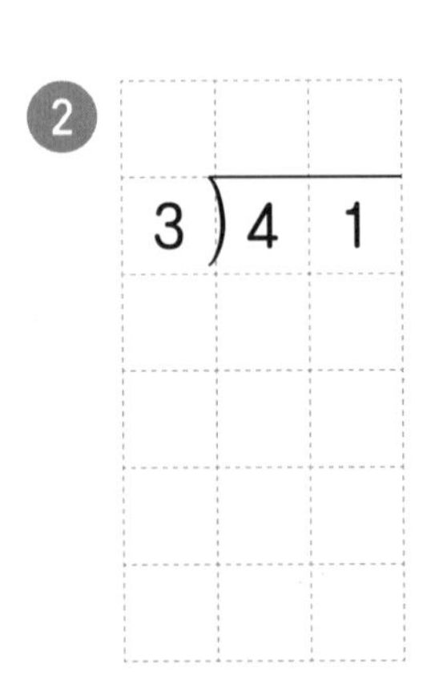

3
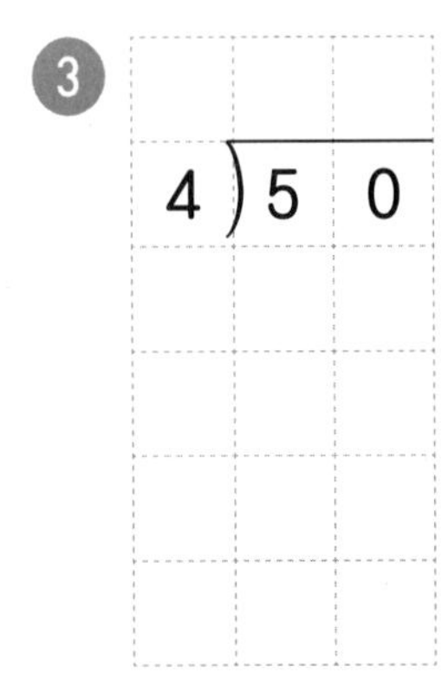

4
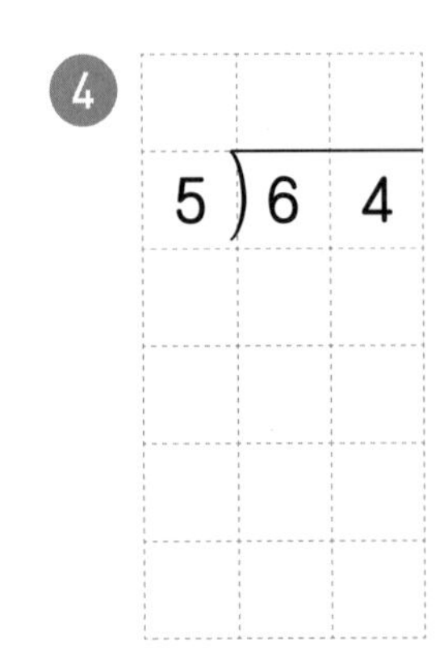

5 $4\overline{)\,7\;3}$

6
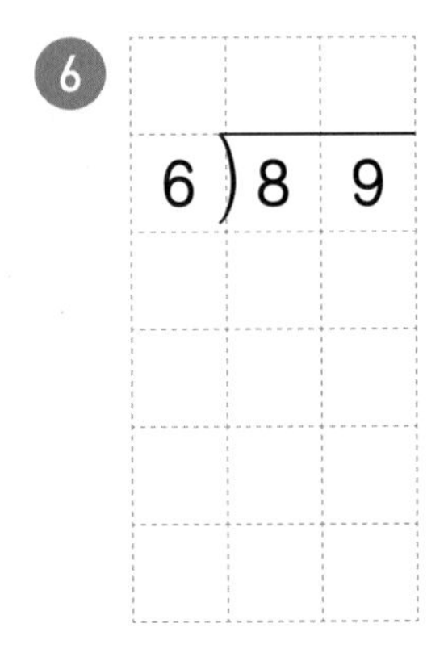

⑦ $2\overline{)31}$

⑧ $2\overline{)39}$

⑨ $3\overline{)44}$

⑩ $4\overline{)51}$

⑪ $3\overline{)58}$

⑫ $4\overline{)62}$

⑬ $5\overline{)66}$

⑭ $4\overline{)69}$

⑮ $3\overline{)70}$

⑯ $4\overline{)71}$

⑰ $5\overline{)78}$

⑱ $3\overline{)80}$

⑲ $5\overline{)83}$

⑳ $7\overline{)93}$

㉑ $8\overline{)95}$

◎ 계산해 보세요.

㉒ $35 \div 2 =$

㉓ $47 \div 3 =$

㉔ $55 \div 4 =$

㉕ $63 \div 4 =$

㉖ $71 \div 3 =$

㉗ $73 \div 6 =$

㉘ $83 \div 3 =$

㉙ $88 \div 6 =$

㉚ $95 \div 7 =$

㉛ $33 \div 2 =$

㉜ $40 \div 3 =$

㉝ $49 \div 3 =$

㉞ $57 \div 2 =$

㉟ $59 \div 4 =$

㊱ $65 \div 4 =$

㊲ $67 \div 5 =$

㊳ $72 \div 5 =$

㊴ $73 \div 3 =$

㊵ $74 \div 5 =$

㊶ $77 \div 4 =$

㊷ $82 \div 6 =$

㊸ $85 \div 3 =$

㊹ $86 \div 7 =$

㊺ $88 \div 5 =$

㊻ $91 \div 4 =$

㊼ $94 \div 7 =$

㊽ $94 \div 5 =$

㊾ $95 \div 6 =$

㊿ $97 \div 2 =$

51 $98 \div 8 =$

계산 Plus+

내림이 있는 (몇십몇)÷(몇)

빈칸에 알맞은 수를 써넣으세요.

1. 34 → ÷2 → [ ]

   34÷2를 계산해요.

2. 52 → ÷4 → [ ]

3. 54 → ÷3 → [ ]

4. 72 → ÷4 → [ ]

5. 75 → ÷5 → [ ]

6. 84 → ÷3 → [ ]

7. 85 → ÷5 → [ ]

8. 98 → ÷2 → [ ]

○ 몫은 ▭ 안에, 나머지는 ◯ 안에 써넣으세요.

9
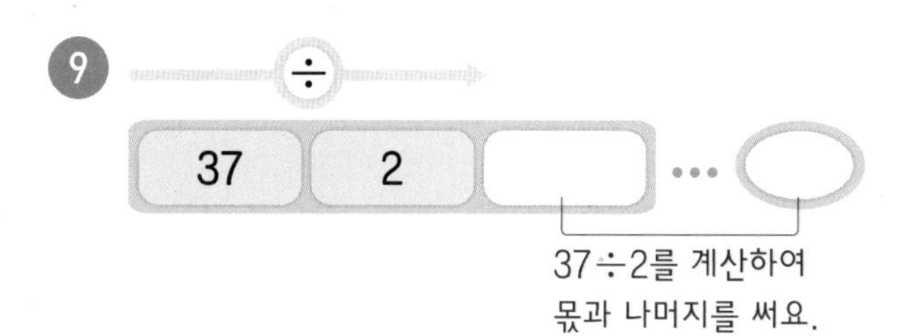

10

11

12

13

14

15

16

17

18

19

20

○ 콘에 나눗셈의 계산 결과가 적혀 있습니다. 관계있는 아이스크림에 ○표 하세요.

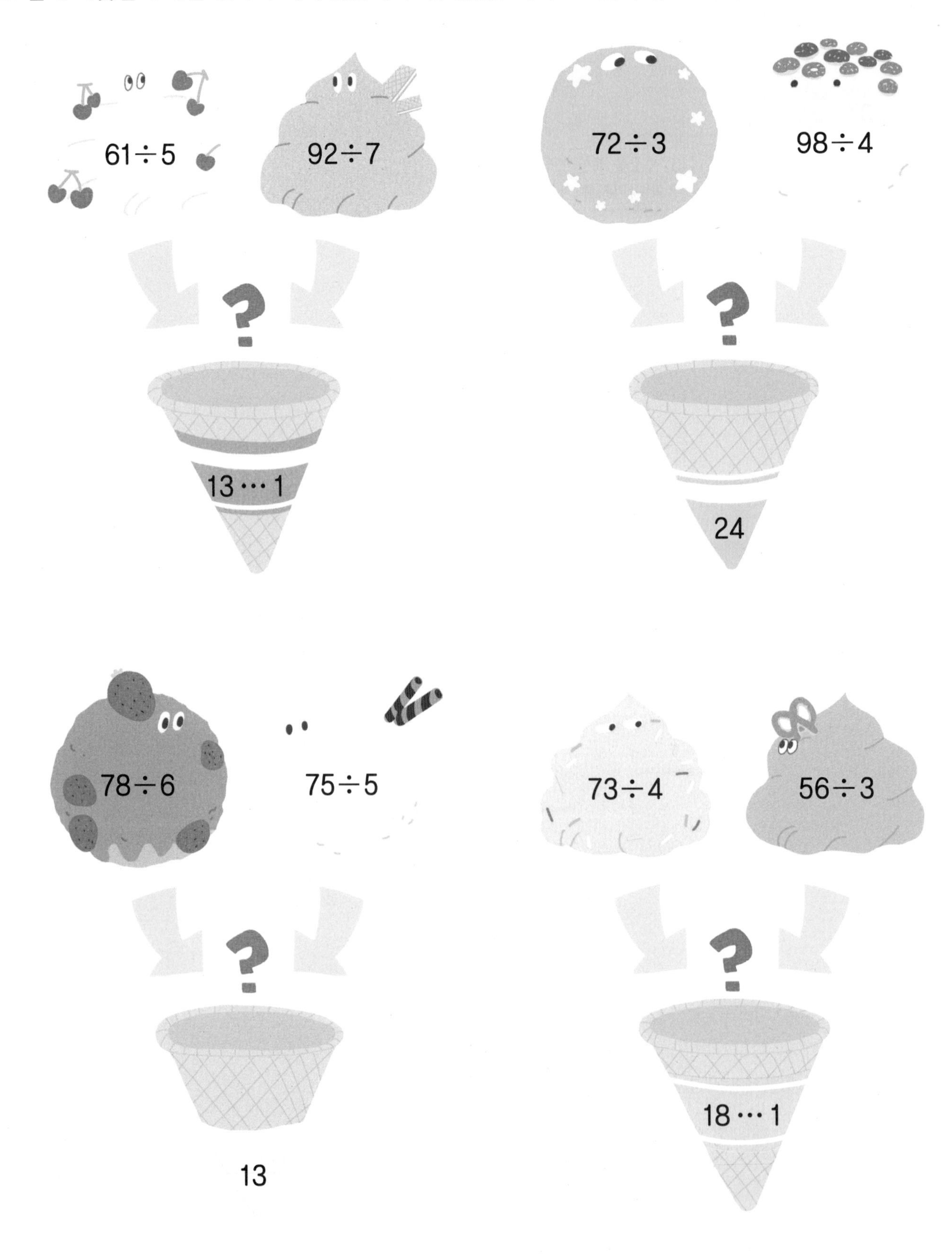

◎ 다람쥐가 도토리를 주우며 코끼리에게 가려고 합니다. 계산 결과가 바르게 적힌 곳에 있는 도토리만 주울 수 있습니다. 다람쥐가 주울 수 있는 도토리를 모두 찾아 ○표 하세요.

공부한 날짜 월 일

20 나머지가 없는 (세 자리 수)÷(한 자리 수)

520÷2의 계산

나누어지는 수의 백의 자리부터 순서대로 나눕니다.

```
    2              2 6 0
2)5 2 0   →   2)5 2 0
  4              4
  1 2            1 2
                 1 2
                     0
```

147÷3의 계산

백의 자리에서 나눌 수 없으면 십의 자리부터 나눕니다.

```
      4 9
3)1 4 7
  1 2
    2 7
    2 7
      0
```

계산해 보세요.

①

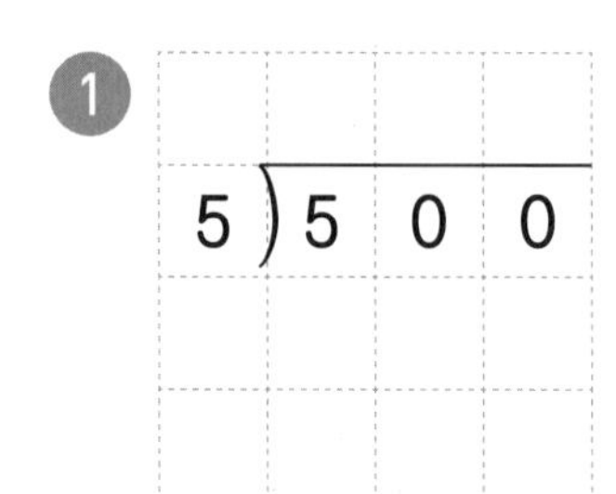

$5\overline{)500}$

③ $3\overline{)240}$

⑤ $6\overline{)360}$

②

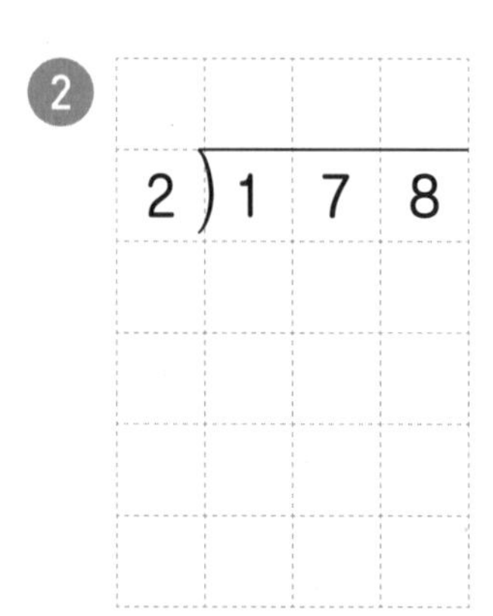

$2\overline{)178}$

④

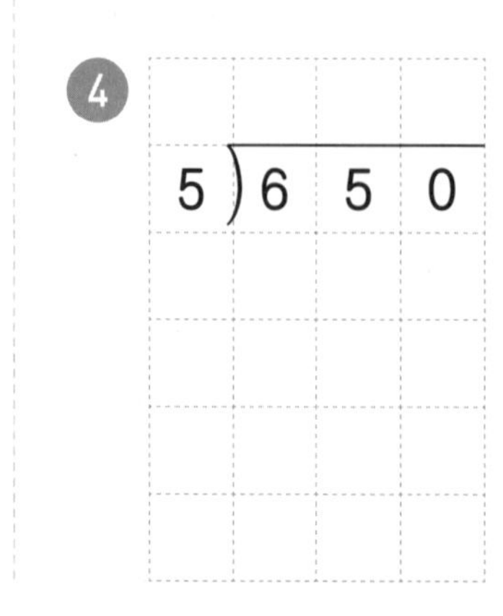

$5\overline{)650}$

⑥

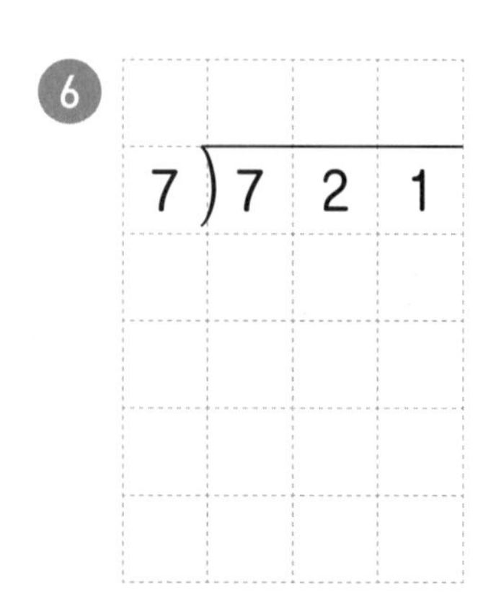

$7\overline{)721}$

⑦ $2\overline{)320}$

⑧ $4\overline{)500}$

⑨ $3\overline{)624}$

⑩ $3\overline{)741}$

⑪ $5\overline{)825}$

⑫ $3\overline{)840}$

⑬ $3\overline{)930}$

⑭ $2\overline{)158}$

⑮ $6\overline{)216}$

⑯ $4\overline{)296}$

⑰ $6\overline{)342}$

⑱ $8\overline{)432}$

⑲ $6\overline{)588}$

⑳ $9\overline{)648}$

㉑ $8\overline{)728}$

계산해 보세요.

㉒ 124÷4=

㉓ 216÷6=

㉔ 314÷2=

㉕ 476÷7=

㉖ 540÷3=

㉗ 847÷7=

㉘ 637÷7=

㉙ 760÷8=

㉚ 896÷8=

㉛ $286 \div 2 =$

㉜ $369 \div 3 =$

㉝ $420 \div 4 =$

㉞ $504 \div 3 =$

㉟ $528 \div 4 =$

㊱ $570 \div 5 =$

㊲ $700 \div 2 =$

㊳ $762 \div 6 =$

㊴ $826 \div 7 =$

㊵ $909 \div 9 =$

㊶ $984 \div 8 =$

㊷ $112 \div 2 =$

㊸ $165 \div 5 =$

㊹ $224 \div 4 =$

㊺ $272 \div 4 =$

㊻ $344 \div 8 =$

㊼ $396 \div 6 =$

㊽ $455 \div 5 =$

㊾ $600 \div 8 =$

㊿ $648 \div 9 =$

51 $728 \div 8 =$

21 나머지가 있는 (세 자리 수)÷(한 자리 수)

113÷4의 계산

		2	
4)	1	1	3
		8	
		3	3

→

		2	8
4)	1	1	3
		8	
		3	3
		3	2
			1

계산해 보세요.

①

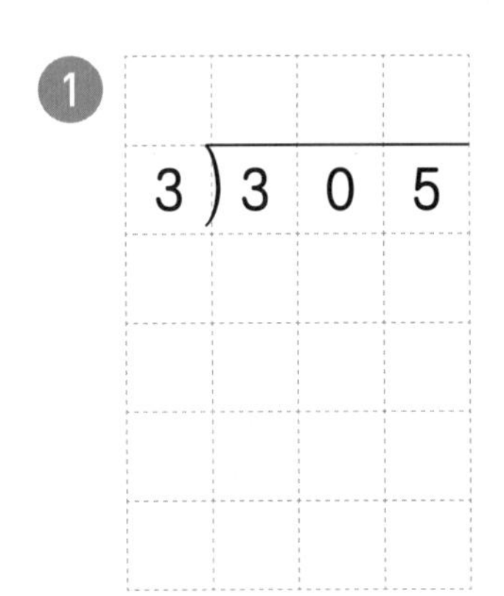

3)3 0 5

③

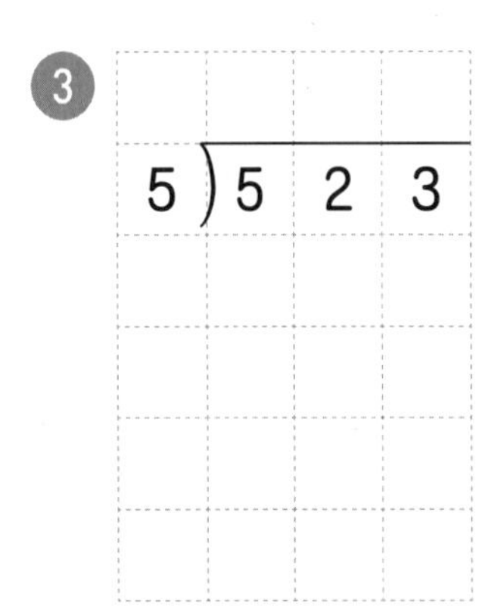

5)5 2 3

⑤

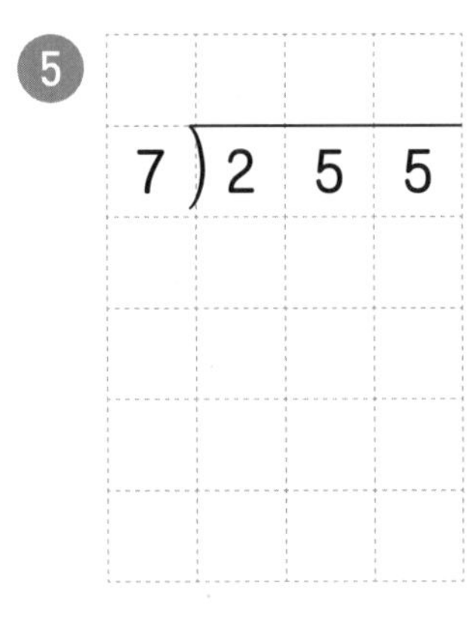

7)2 5 5

②

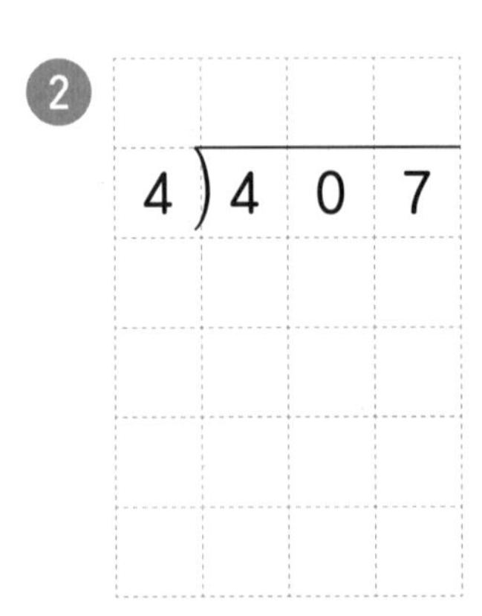

4)4 0 7

④

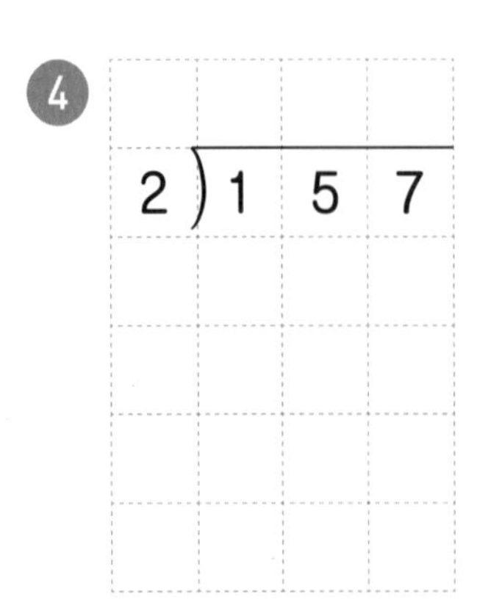

2)1 5 7

⑥ 9)5 1 4

⑦ $3\overline{)488}$

⑧ $5\overline{)503}$

⑨ $4\overline{)646}$

⑩ $6\overline{)700}$

⑪ $7\overline{)820}$

⑫ $3\overline{)839}$

⑬ $4\overline{)985}$

⑭ $4\overline{)179}$

⑮ $5\overline{)271}$

⑯ $4\overline{)291}$

⑰ $4\overline{)346}$

⑱ $6\overline{)369}$

⑲ $6\overline{)454}$

⑳ $7\overline{)593}$

㉑ $7\overline{)675}$

계산해 보세요.

㉒ $159 \div 9 =$

㉓ $429 \div 8 =$

㉔ $657 \div 5 =$

㉕ $256 \div 3 =$

㉖ $583 \div 6 =$

㉗ $714 \div 4 =$

㉘ $312 \div 5 =$

㉙ $634 \div 8 =$

㉚ $873 \div 7 =$

㉛ $350 \div 3 =$

㉜ $483 \div 4 =$

㉝ $547 \div 2 =$

㉞ $609 \div 4 =$

㉟ $683 \div 5 =$

㊱ $714 \div 4 =$

㊲ $731 \div 3 =$

㊳ $760 \div 6 =$

㊴ $830 \div 6 =$

㊵ $879 \div 8 =$

㊶ $916 \div 7 =$

㊷ $125 \div 3 =$

㊸ $144 \div 5 =$

㊹ $259 \div 9 =$

㊺ $281 \div 6 =$

㊻ $341 \div 7 =$

㊼ $384 \div 9 =$

㊽ $400 \div 9 =$

㊾ $483 \div 8 =$

㊿ $647 \div 8 =$

51 $743 \div 9 =$

22 계산이 맞는지 확인하기

38÷3을 계산하고 계산 결과가 맞는지 확인하기

나누는 수와 몫의 곱에 나머지를 더해서 나누어지는 수가 되는지 확인합니다.

$38 \div 3 = 12 \cdots 2$

수가 같으면 계산이 맞는 것입니다.

확인 $3 \times 12 = 36$, $36 + 2 = 38$

계산해 보고 계산 결과가 맞는지 확인해 보세요.

1. $2 \overline{)\, 1\ 7}$

 확인 $2 \times \square = \square$,
 $\square + \square = 17$

2. $4 \overline{)\, 3\ 9}$

 확인 $4 \times \square = \square$,
 $\square + \square = 39$

3. $6 \overline{)\, 7\ 0}$

 확인 $6 \times \square = \square$,
 $\square + \square = 70$

4. $9 \overline{)\, 8\ 8\ 7}$

 확인 $9 \times \square = \square$,
 $\square + \square = 887$

⑤ $25 \div 3 =$

확인 □ × □ = □, □ + □ = □

⑥ $42 \div 4 =$

확인 □ × □ = □, □ + □ = □

⑦ $59 \div 9 =$

확인 □ × □ = □, □ + □ = □

⑧ $68 \div 7 =$

확인 □ × □ = □, □ + □ = □

⑨ $75 \div 4 =$

확인 □ × □ = □, □ + □ = □

⑩ $107 \div 4 =$

확인 □ × □ = □, □ + □ = □

⑪ $205 \div 3 =$

확인 □ × □ = □, □ + □ = □

⑫ $418 \div 8 =$

확인 □ × □ = □, □ + □ = □

⑬ $500 \div 9 =$

확인 □ × □ = □, □ + □ = □

⑭ $876 \div 7 =$

확인 □ × □ = □, □ + □ = □

○ 계산해 보고 계산 결과가 맞는지 확인해 보세요.

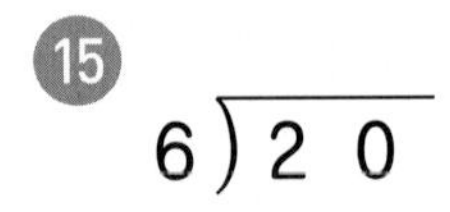

⑮ $6\overline{)20}$

확인 ______________________

⑲ $8\overline{)99}$

확인 ______________________

⑯ $3\overline{)47}$

확인 ______________________

⑳ $4\overline{)274}$

확인 ______________________

⑰ $4\overline{)78}$

확인 ______________________

㉑ $5\overline{)577}$

확인 ______________________

⑱ $6\overline{)85}$

확인 ______________________

㉒ $6\overline{)869}$

확인 ______________________

㉓ $24 \div 5 =$

확인

㉗ $87 \div 4 =$

확인

㉔ $38 \div 6 =$

확인

㉘ $469 \div 4 =$

확인

㉕ $41 \div 9 =$

확인

㉙ $563 \div 3 =$

확인

㉖ $65 \div 7 =$

확인

㉚ $986 \div 5 =$

확인

23 어떤 수 구하기

원리 **곱셈과 나눗셈의 관계**

▲×●=■ → ●=■÷▲, ▲=■÷●

적용 **곱셈식의 어떤 수(□) 구하기**

- 3×□=87 → □=87÷3=29
- □×3=87 → □=87÷3=29

◎ 어떤 수(□)를 구하려고 합니다. 빈칸에 알맞은 수를 써넣으세요.

1. 2×□=30
   30÷2=□

2. 6×□=66
   66÷6=□

3. 3×□=90
   90÷3=□

4. 2×□=112
   112÷2=□

5. 4×□=156
   156÷4=□

6. 8×□=272
   272÷8=□

7. $\square \times 4 = 76$

$76 \div 4 = \square$

8. $\square \times 7 = 84$

$84 \div 7 = \square$

9. $\square \times 5 = 85$

$85 \div 5 = \square$

10. $\square \times 4 = 92$

$92 \div 4 = \square$

11. $\square \times 8 = 96$

$96 \div 8 = \square$

12. $\square \times 3 = 135$

$135 \div 3 = \square$

13. $\square \times 2 = 348$

$348 \div 2 = \square$

14. $\square \times 9 = 585$

$585 \div 9 = \square$

15. $\square \times 4 = 816$

$816 \div 4 = \square$

16. $\square \times 4 = 856$

$856 \div 4 = \square$

어떤 수(□)를 구하려고 합니다. 빈칸에 알맞은 수를 써넣으세요.

⑰ $2\times\square=46$

⑱ $5\times\square=55$

⑲ $6\times\square=72$

⑳ $3\times\square=87$

㉑ $3\times\square=90$

㉒ $7\times\square=91$

㉓ $6\times\square=96$

㉔ $5\times\square=270$

㉕ $4\times\square=300$

㉖ $6\times\square=528$

㉗ $7\times\square=665$

㉘ $3\times\square=741$

㉙ $\square \times 2 = 28$

㉚ $\square \times 3 = 51$

㉛ $\square \times 4 = 56$

㉜ $\square \times 6 = 78$

㉝ $\square \times 5 = 80$

㉞ $\square \times 7 = 91$

㉟ $\square \times 9 = 99$

㊱ $\square \times 5 = 105$

㊲ $\square \times 9 = 288$

㊳ $\square \times 3 = 366$

㊴ $\square \times 7 = 483$

㊵ $\square \times 8 = 656$

24 계산 Plus+

(세 자리 수)÷(한 자리 수)

빈칸에 알맞은 수를 써넣으세요.

1. 344 → ÷8 → [ ]
   344÷8을 계산해요.

2. 405 → ÷3 → [ ]

3. 418 → ÷2 → [ ]

4. 504 → ÷9 → [ ]

5. 520 → ÷5 → [ ]

6. 686 → ÷7 → [ ]

7. 760 → ÷4 → [ ]

8. 855 → ÷5 → [ ]

◎ 몫은 ☐ 안에, 나머지는 ◯ 안에 써넣고, 계산 결과가 맞는지 확인해 보세요.

9 ÷

28	5	☐	… ◯

28÷5를 계산하여 몫과 나머지를 써요.

확인 ______

13 ÷

104	3	☐	… ◯

확인 ______

10 ÷

41	3	☐	… ◯

확인 ______

14 ÷

368	3	☐	… ◯

확인 ______

11 ÷

67	6	☐	… ◯

확인 ______

15 ÷

420	8	☐	… ◯

확인 ______

12 ÷

79	5	☐	… ◯

확인 ______

16 ÷

649	7	☐	… ◯

확인 ______

몫이 102인 곳에 빨간색, 나머지가 3인 곳에 초록색을 색칠해 보세요.

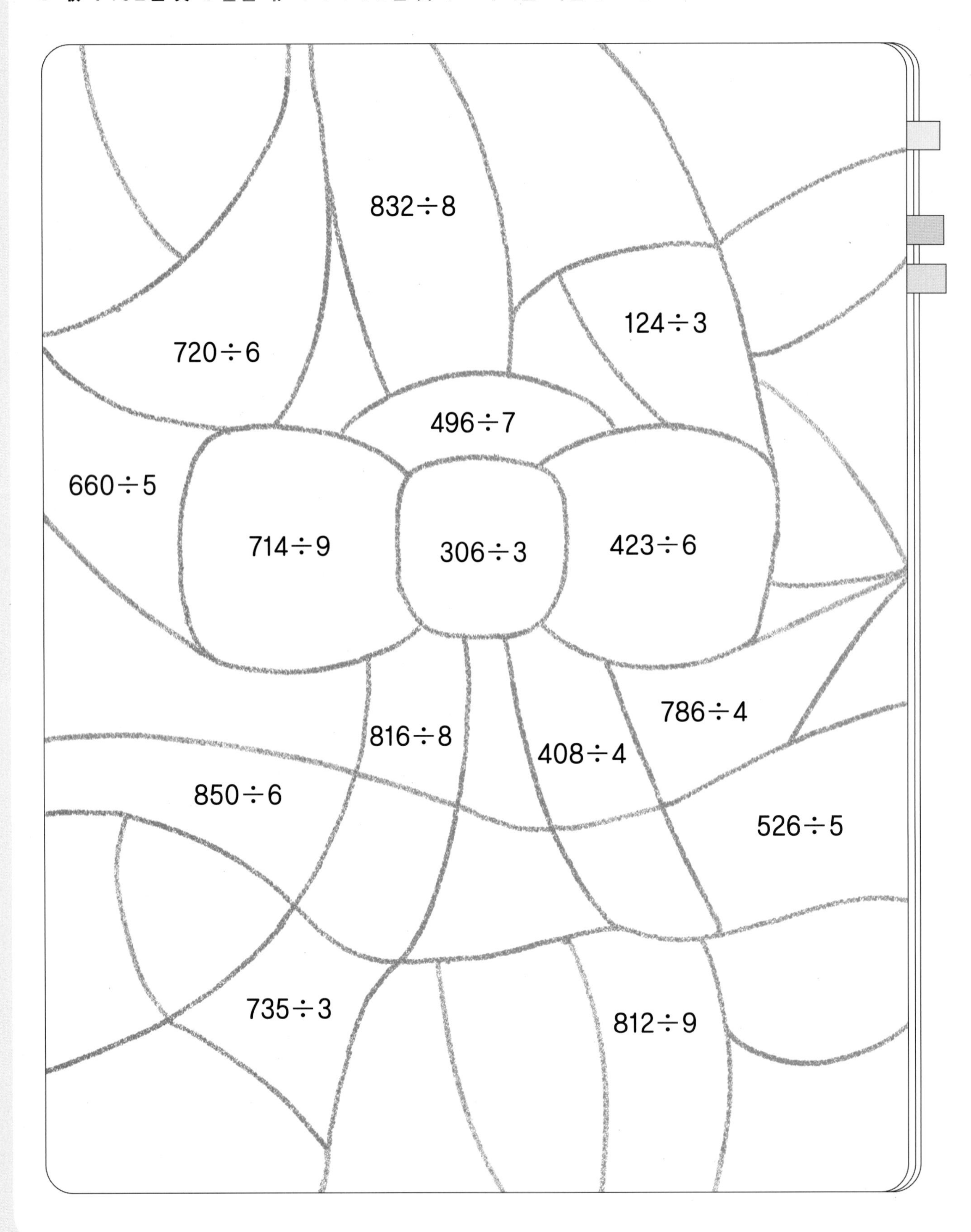

사다리를 타고 내려가서 도착한 곳에 나눗셈의 계산 결과를 확인하는 식을 썼습니다. 바르게 쓴 식에 모두 ◯표 하세요. (단, 사다리 타기는 사다리를 따라 내려가다가 가로로 놓인 선을 만날 때마다 가로 선을 따라 꺾어서 맨 아래까지 내려가는 놀이입니다.)

25 나눗셈 평가

공부한 날짜 월 일

○ 계산해 보세요.

❶ $2\overline{)40}$

❷ $8\overline{)88}$

❸ $9\overline{)60}$

❹ $7\overline{)84}$

❺ $8\overline{)95}$

❻ $2\overline{)320}$

❼ $7\overline{)392}$

❽ $5\overline{)530}$

❾ $6\overline{)543}$

❿ $3\overline{)839}$

⑪ $51 \div 3 =$

⑫ $70 \div 4 =$

⑬ $85 \div 6 =$

⑭ $438 \div 6 =$

⑮ $869 \div 7 =$

⑯ $957 \div 6 =$

빈칸에 알맞은 수를 써넣으세요.

⑰

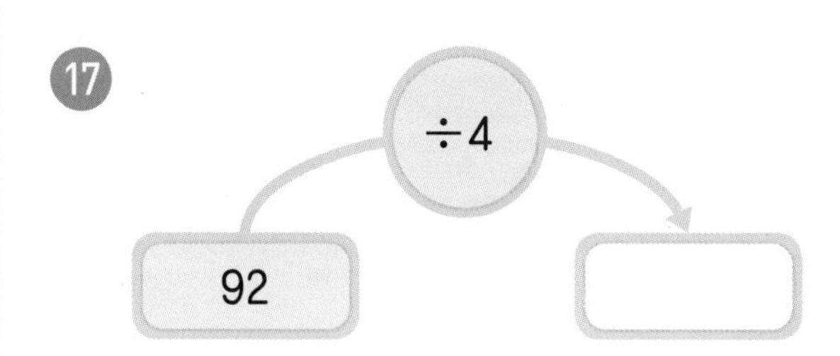

⑱

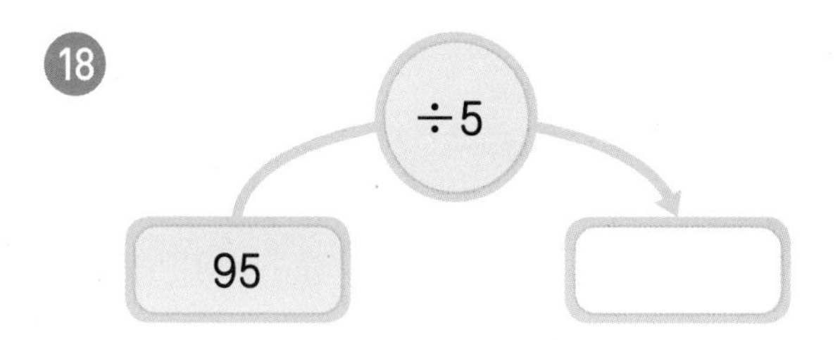

⑲

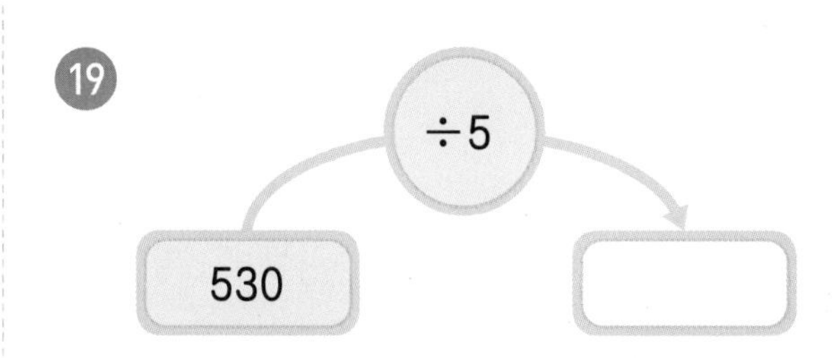

⑳

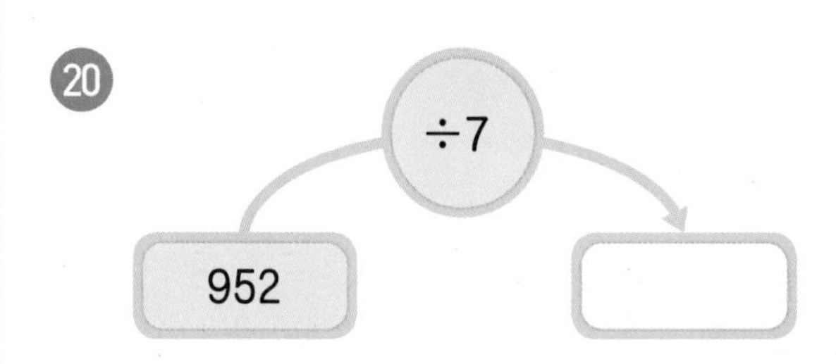

3

전체와 **부분**의 관계를 **비교**하여 분수로 나타내고
대분수와 가분수의 관계를 아는 것이 중요한

분수

26 분수로 나타내기

부분은 전체의 얼마인지 분수로 나타내기

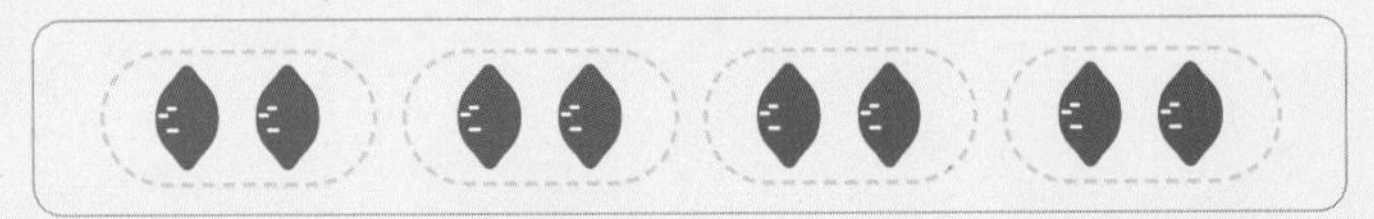

- 8을 2씩 묶으면 4묶음이 됩니다.
- 6은 4묶음 중에서 3묶음입니다.

→ 6은 8의 $\frac{3}{4}$입니다.

그림을 보고 □ 안에 알맞은 수를 써넣으세요.

1. 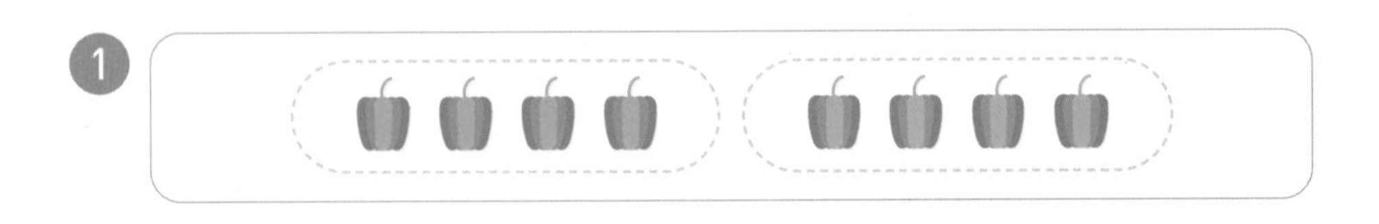

8을 4씩 묶으면 □묶음이 됩니다. 4는 8의 $\frac{\square}{\square}$입니다.

2. 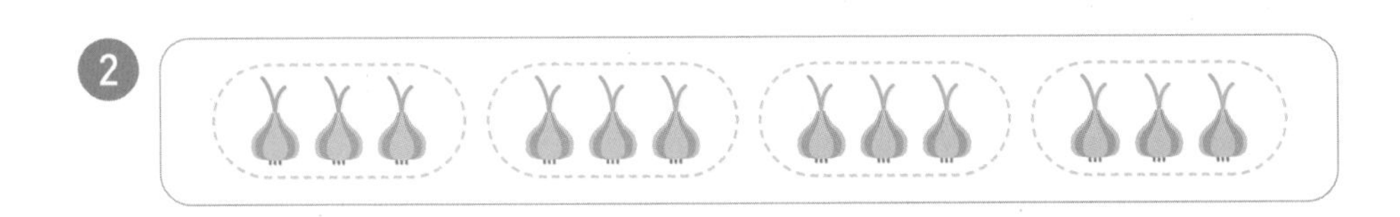

12를 3씩 묶으면 □묶음이 됩니다. 9는 12의 $\frac{\square}{\square}$입니다.

3. 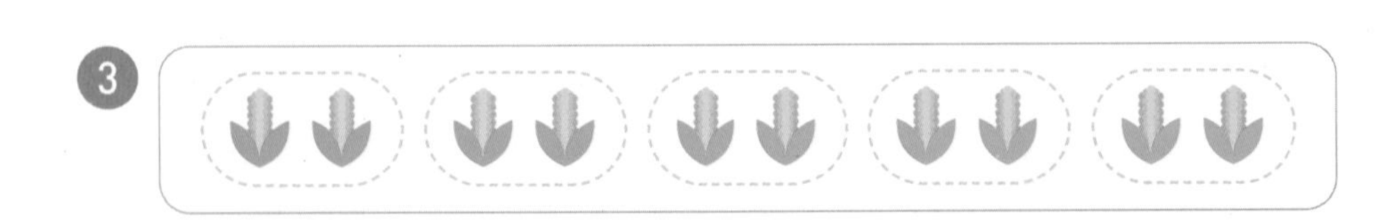

10을 2씩 묶으면 □묶음이 됩니다. 6은 10의 $\frac{\square}{\square}$입니다.

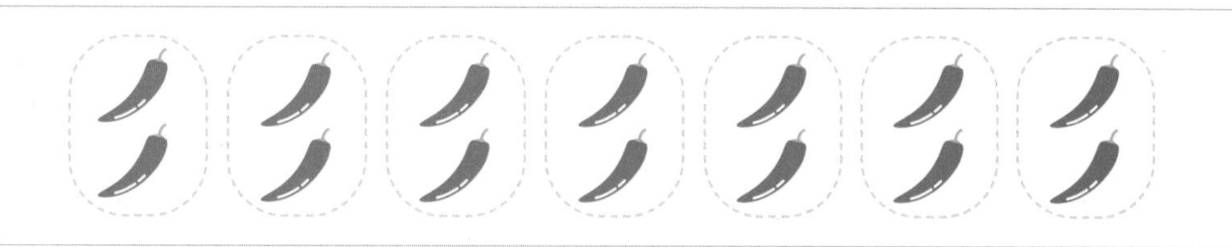

14를 2씩 묶으면 □묶음이 됩니다. 10은 14의 $\frac{\square}{\square}$입니다.

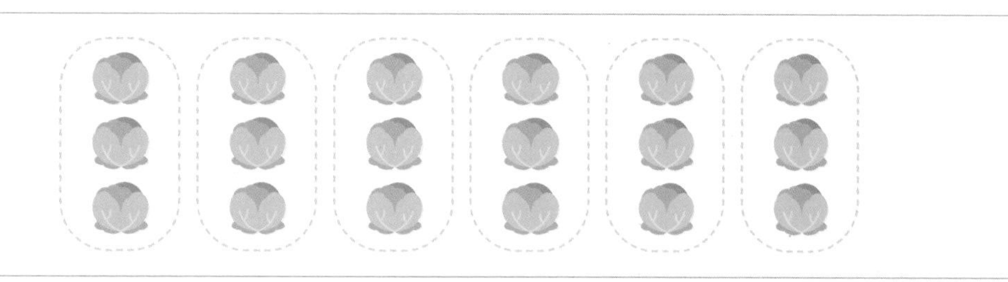

18을 3씩 묶으면 □묶음이 됩니다. 15는 18의 $\frac{\square}{\square}$입니다.

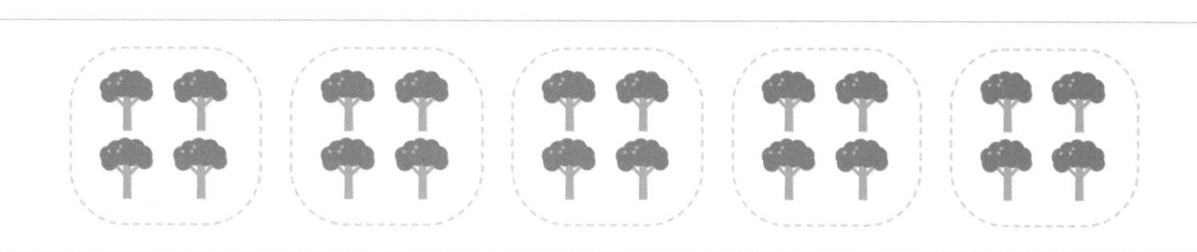

20을 4씩 묶으면 □묶음이 됩니다. 12는 20의 $\frac{\square}{\square}$입니다.

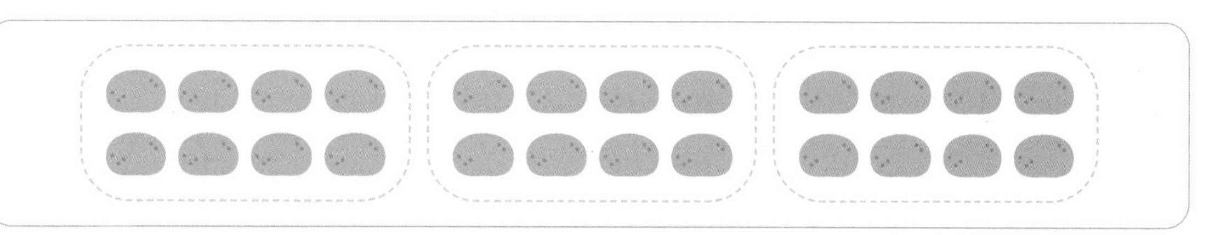

24를 8씩 묶으면 □묶음이 됩니다. 16은 24의 $\frac{\square}{\square}$입니다.

○ 그림을 보고 □ 안에 알맞은 수를 써넣으세요.

8

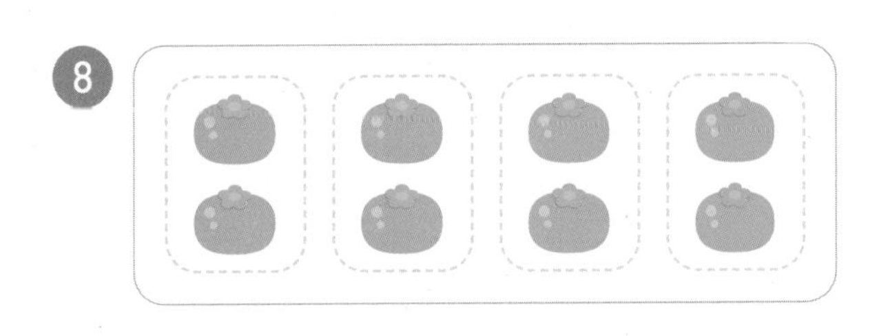

2는 8의 $\frac{\square}{4}$ 입니다.

6은 8의 $\frac{\square}{4}$ 입니다.

9

3은 15의 $\frac{\square}{5}$ 입니다.

12는 15의 $\frac{\square}{5}$ 입니다.

10

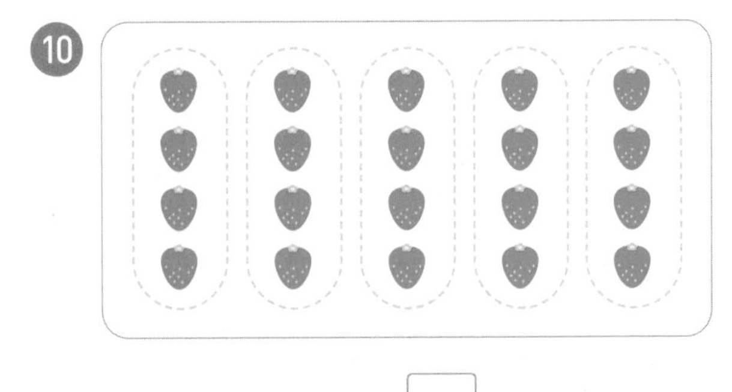

4는 20의 $\frac{\square}{5}$ 입니다.

12는 20의 $\frac{\square}{5}$ 입니다.

11

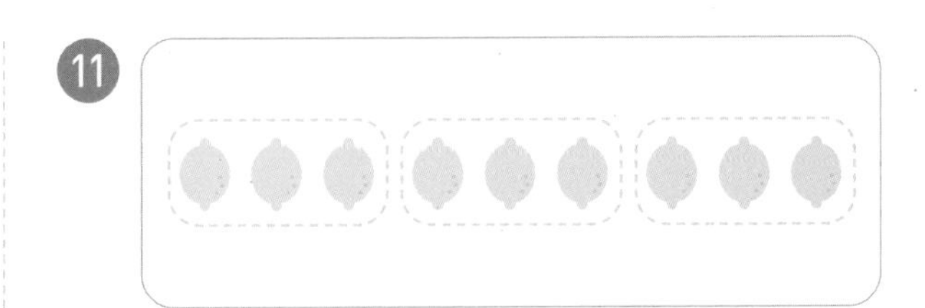

3은 9의 $\frac{1}{\square}$ 입니다.

6은 9의 $\frac{2}{\square}$ 입니다.

12

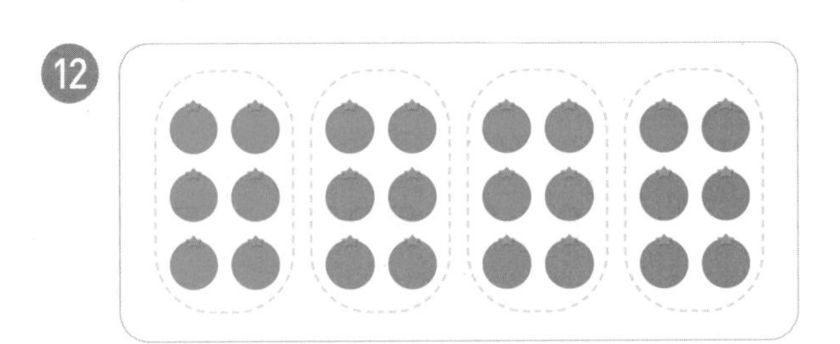

6은 24의 $\frac{1}{\square}$ 입니다.

18은 24의 $\frac{3}{\square}$ 입니다.

13

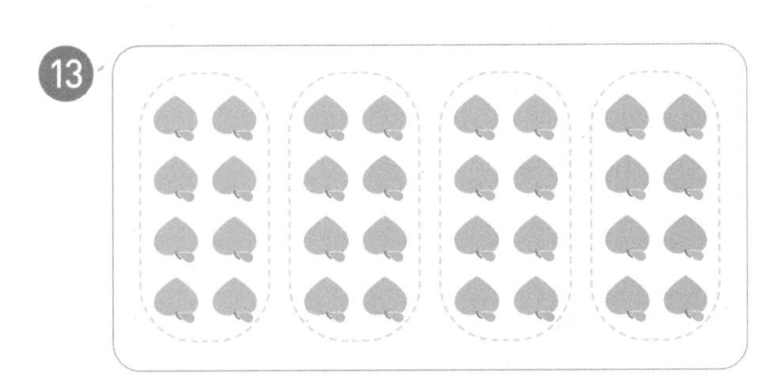

8은 32의 $\frac{1}{\square}$ 입니다.

24는 32의 $\frac{3}{\square}$ 입니다.

14

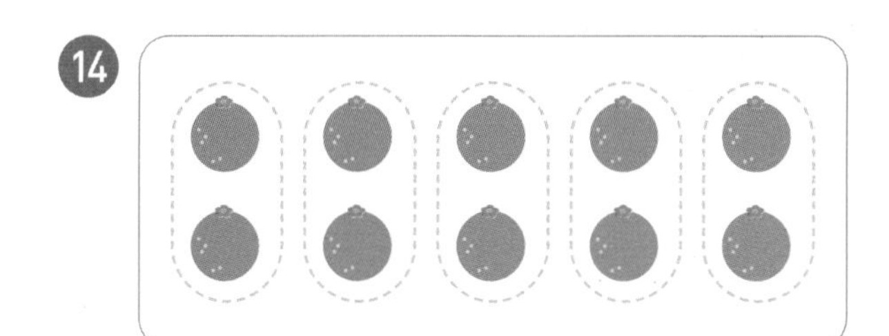

2는 10의 $\frac{\square}{\square}$ 입니다.

6은 10의 $\frac{\square}{\square}$ 입니다.

15

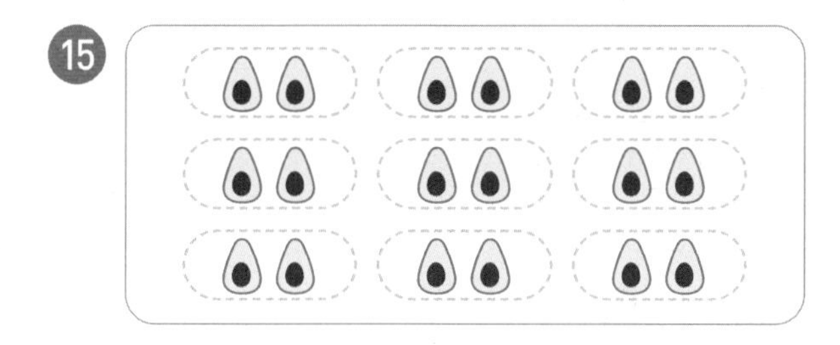

2는 18의 $\frac{\square}{\square}$ 입니다.

10은 18의 $\frac{\square}{\square}$ 입니다.

16

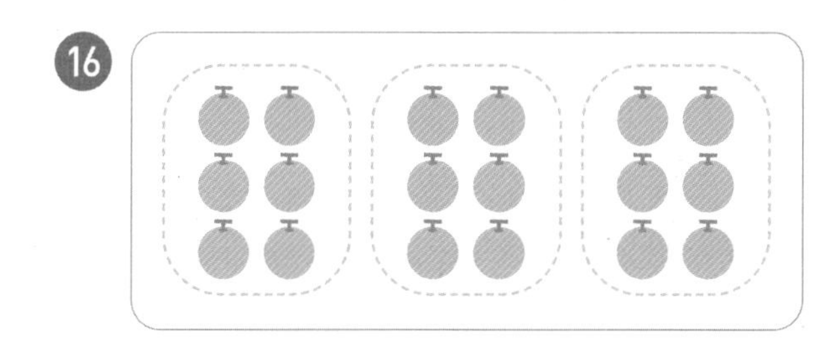

6은 18의 $\frac{\square}{\square}$ 입니다.

12는 18의 $\frac{\square}{\square}$ 입니다.

17

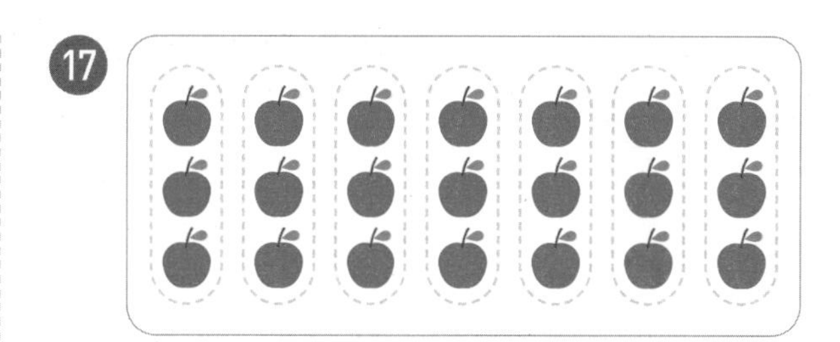

3은 21의 $\frac{\square}{\square}$ 입니다.

15는 21의 $\frac{\square}{\square}$ 입니다.

18

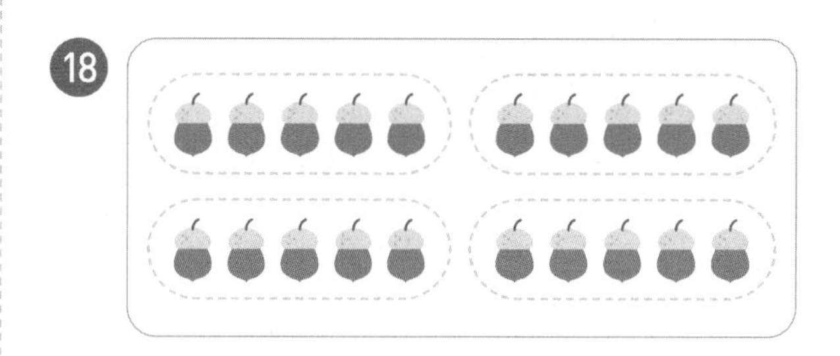

5는 20의 $\frac{\square}{\square}$ 입니다.

15는 20의 $\frac{\square}{\square}$ 입니다.

19

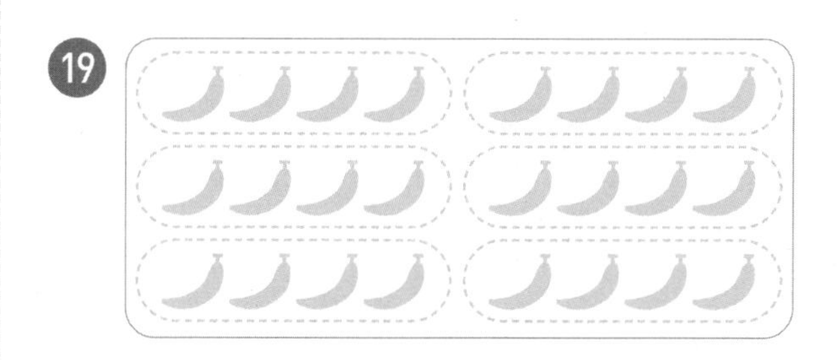

4는 24의 $\frac{\square}{\square}$ 입니다.

12는 24의 $\frac{\square}{\square}$ 입니다.

27 분수만큼 알아보기

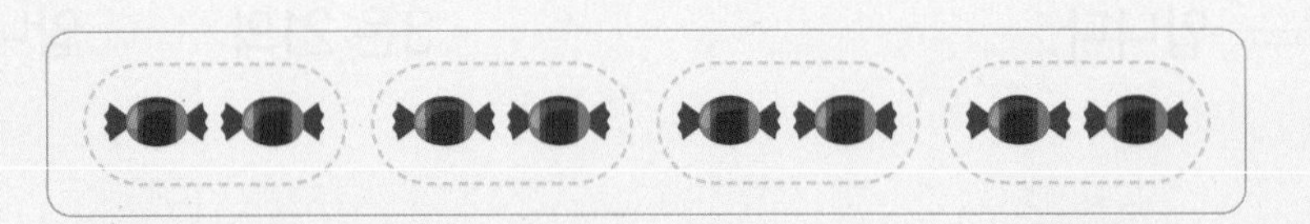

8의 $\frac{1}{4}$ → 8을 똑같이 4묶음으로 나눈 것 중의 1묶음 → 2

8의 $\frac{3}{4}$ → 8을 똑같이 4묶음으로 나눈 것 중의 3묶음 → 6

그림을 보고 □ 안에 알맞은 수를 써넣으세요.

1

6의 $\frac{1}{3}$은 □입니다. 6의 $\frac{2}{3}$는 □입니다.

2

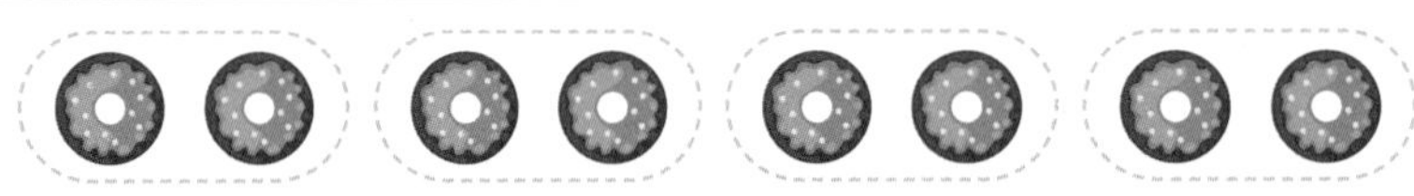

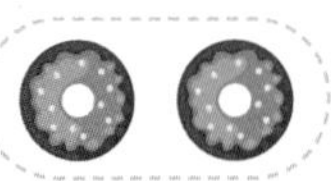 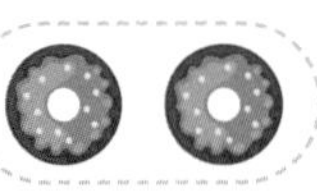 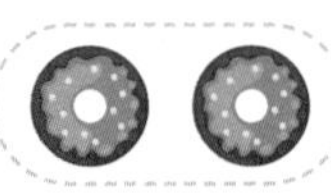

8의 $\frac{1}{4}$은 □입니다. 8의 $\frac{3}{4}$은 □입니다.

3

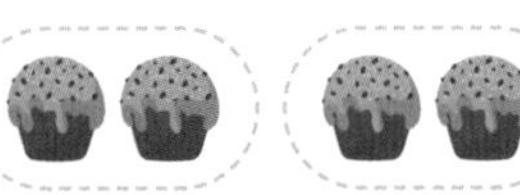  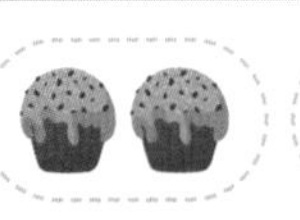 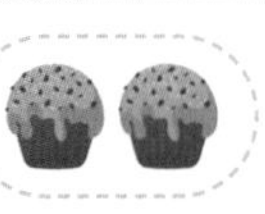  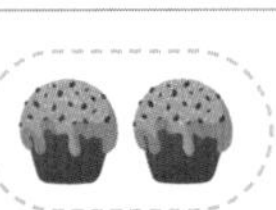

12의 $\frac{1}{6}$은 □입니다. 12의 $\frac{5}{6}$는 □입니다.

4

16의 $\frac{1}{4}$은 □ 입니다. 16의 $\frac{2}{4}$는 □ 입니다.

5

20의 $\frac{1}{5}$은 □ 입니다. 20의 $\frac{3}{5}$은 □ 입니다.

6

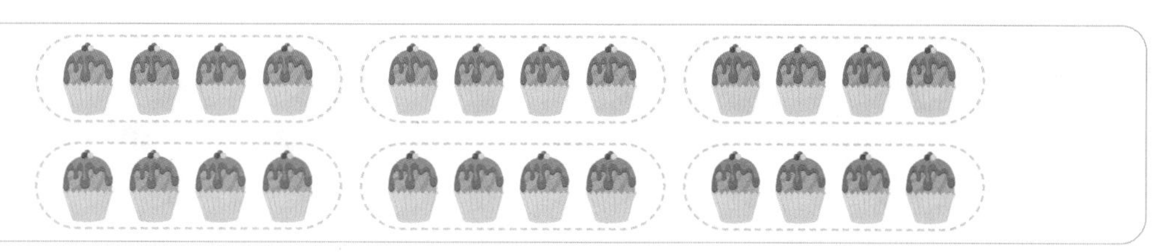

24의 $\frac{1}{6}$은 □ 입니다. 24의 $\frac{4}{6}$는 □ 입니다.

7

28의 $\frac{1}{7}$은 □ 입니다. 28의 $\frac{4}{7}$는 □ 입니다.

○ 그림을 보고 ☐ 안에 알맞은 수를 써넣으세요.

8

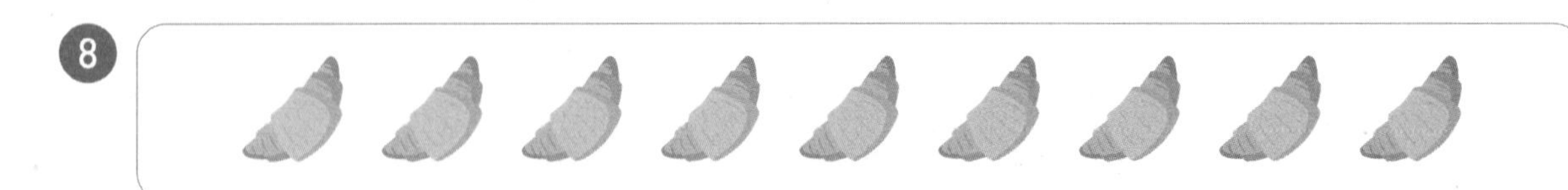

9의 $\frac{1}{3}$은 ☐ 입니다.　　9의 $\frac{2}{3}$는 ☐ 입니다.

9

10의 $\frac{1}{5}$은 ☐ 입니다.　　10의 $\frac{4}{5}$는 ☐ 입니다.

10

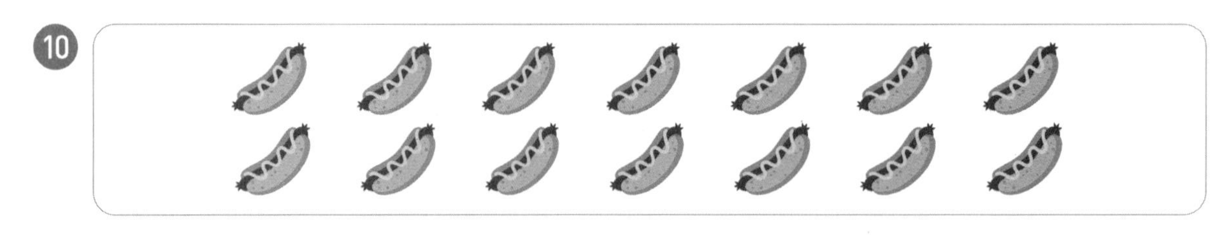

14의 $\frac{1}{7}$은 ☐ 입니다.　　14의 $\frac{5}{7}$는 ☐ 입니다.

11

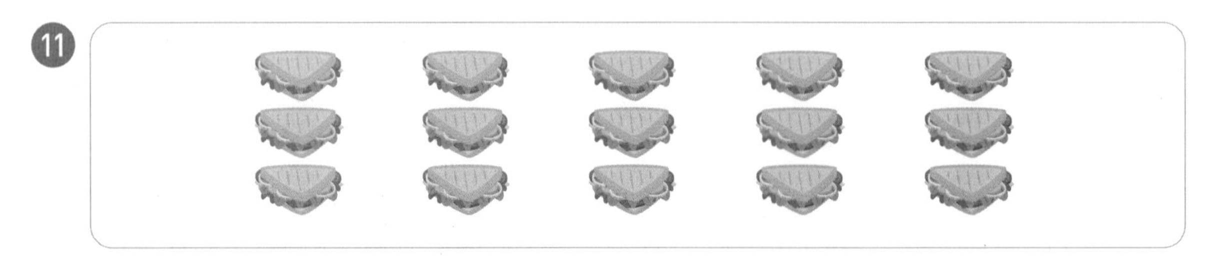

15의 $\frac{1}{5}$은 ☐ 입니다.　　15의 $\frac{2}{5}$는 ☐ 입니다.

16의 $\frac{1}{8}$은 $\square$입니다. 16의 $\frac{7}{8}$은 $\square$입니다.

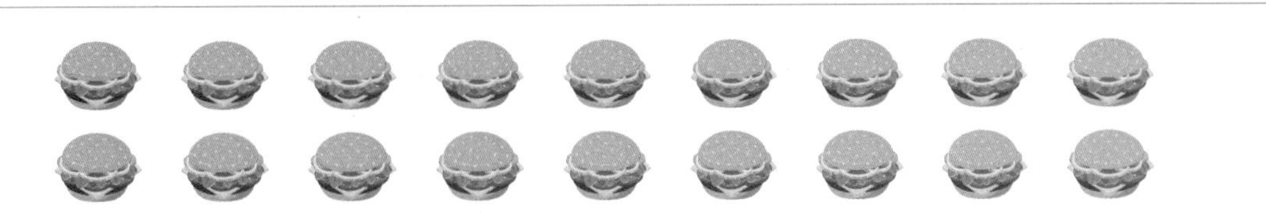

18의 $\frac{1}{3}$은 $\square$입니다. 18의 $\frac{2}{3}$는 $\square$입니다.

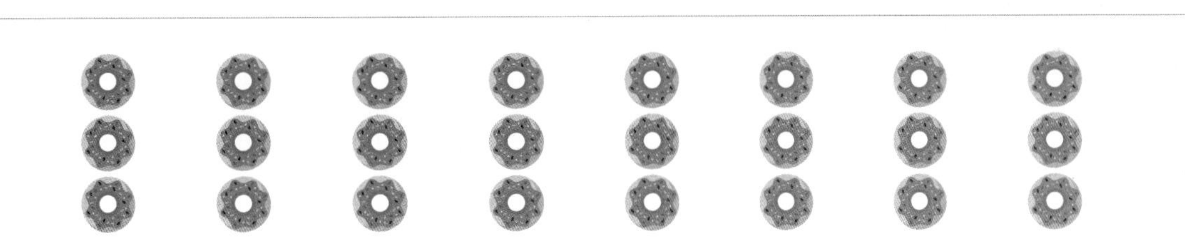

24의 $\frac{1}{8}$은 $\square$입니다. 24의 $\frac{7}{8}$은 $\square$입니다.

30의 $\frac{1}{5}$은 $\square$입니다. 30의 $\frac{3}{5}$은 $\square$입니다.

28 대분수를 가분수로, 가분수를 대분수로 나타내기

자연수와 진분수로 이루어진 분수

대분수 $1\frac{1}{3}$을 가분수로 나타내기

$1\frac{1}{3}$

$\frac{4}{3}$

$1\frac{1}{3} \rightarrow 1$과 $\frac{1}{3} \rightarrow \frac{3}{3}$과 $\frac{1}{3} \rightarrow \frac{4}{3}$

분자가 분모와 같거나 분모보다 큰 분수

가분수 $\frac{4}{3}$를 대분수로 나타내기

$\frac{4}{3}$

$1\frac{1}{3}$

$\frac{4}{3} \rightarrow \frac{3}{3}$과 $\frac{1}{3} \rightarrow 1\frac{1}{3}$

그림을 보고 대분수를 가분수로 나타내어 보세요.

1

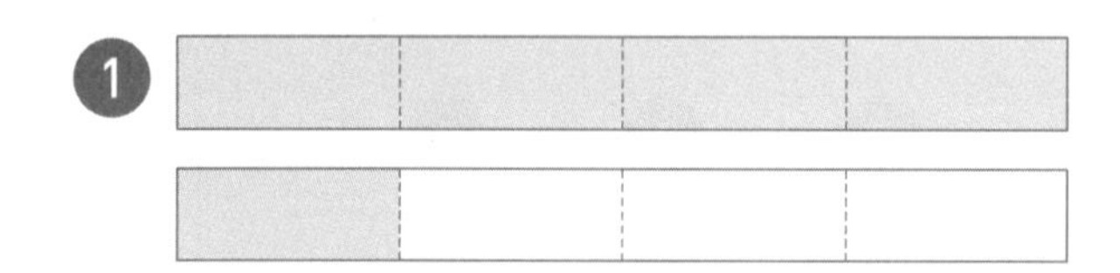

$1\frac{1}{4} = \frac{\square}{4}$

2

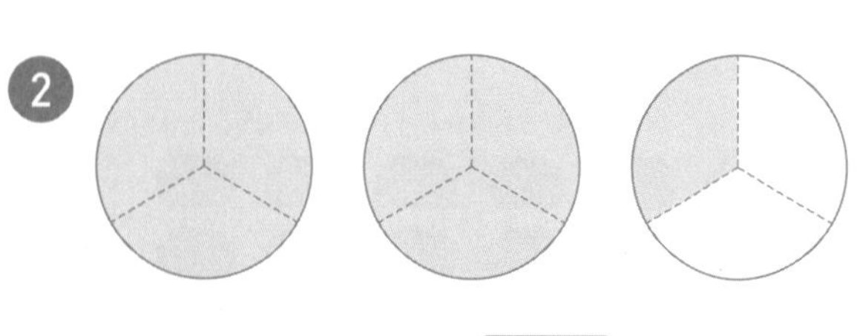

$2\frac{1}{3} = \frac{\square}{3}$

3

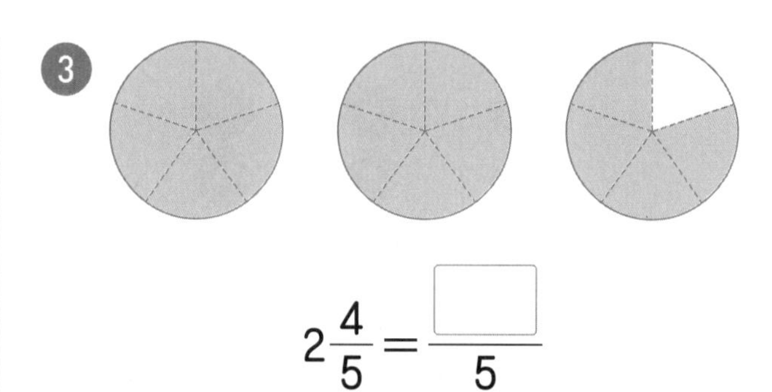

$2\frac{4}{5} = \frac{\square}{5}$

4

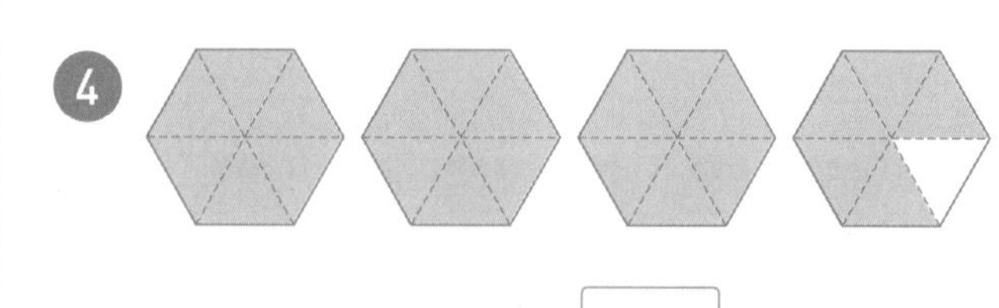

$3\frac{5}{6} = \frac{\square}{6}$

 그림을 보고 가분수를 대분수로 나타내어 보세요.

5

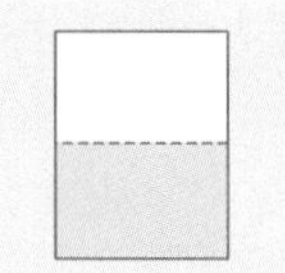

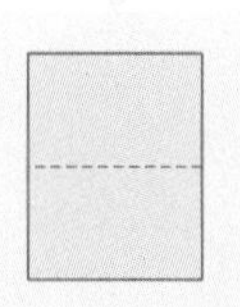
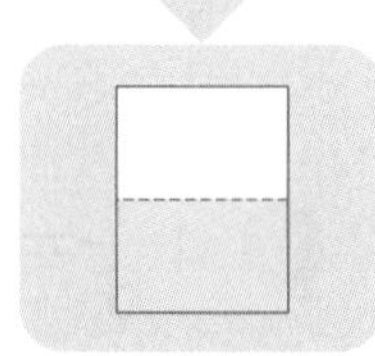

$\frac{3}{2}=\square\frac{\square}{\square}$

6

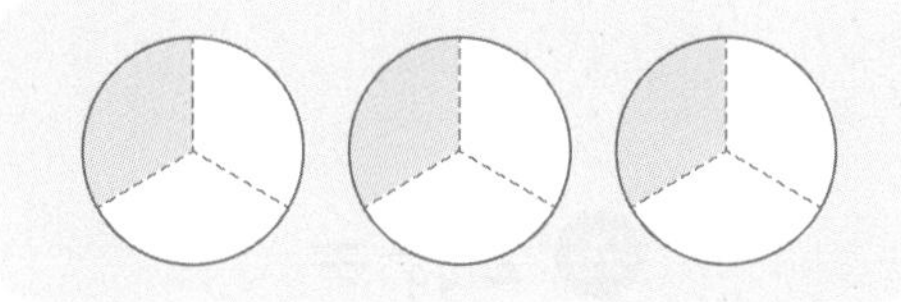
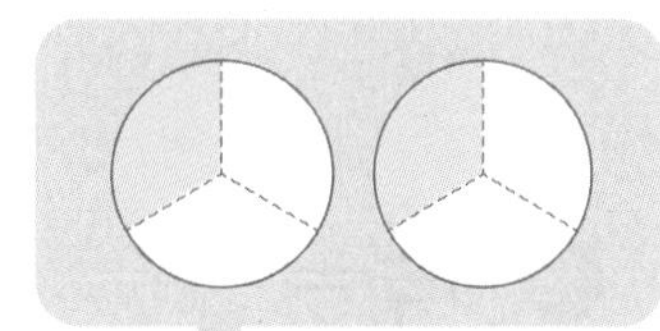
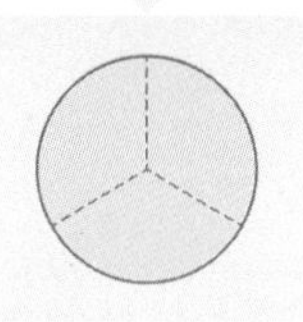
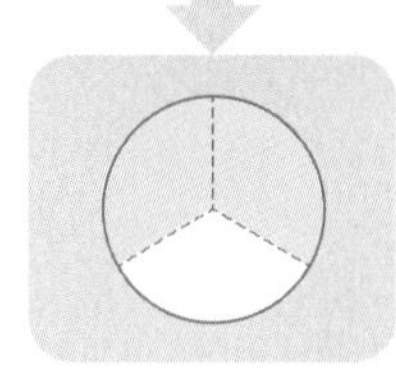

$\frac{5}{3}=\square\frac{\square}{\square}$

7

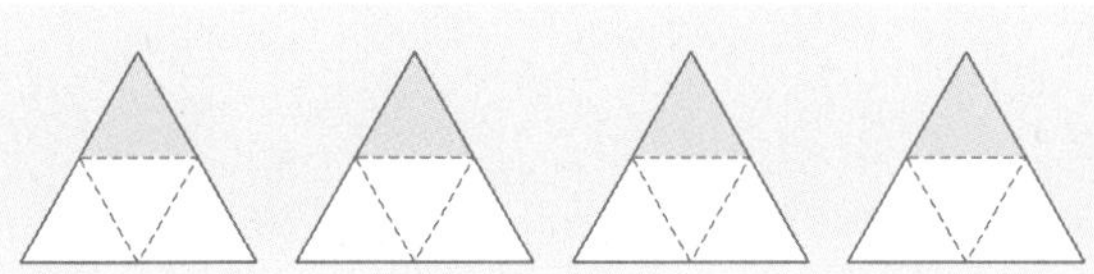
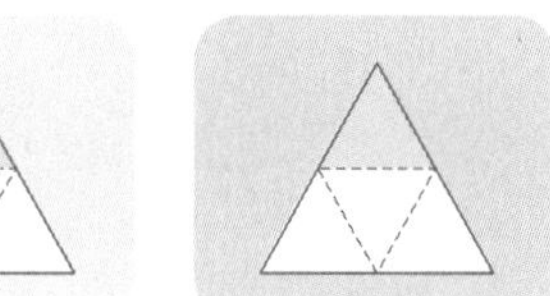
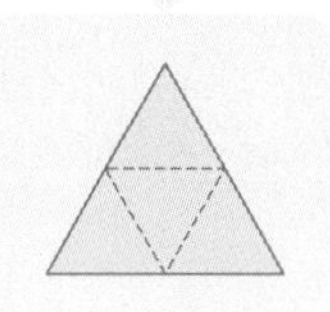
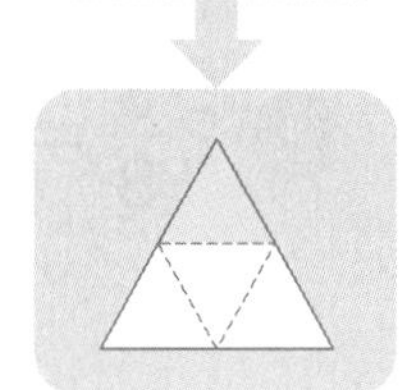

$\frac{5}{4}=\square\frac{\square}{\square}$

8

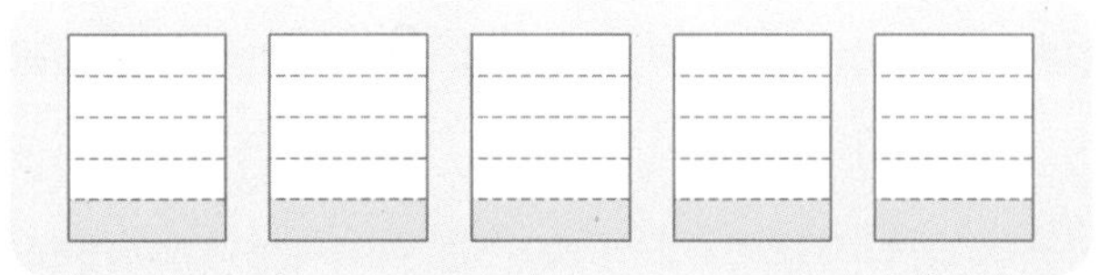
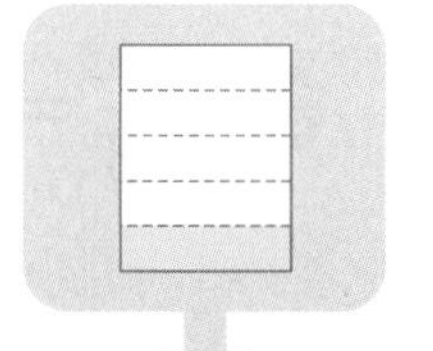
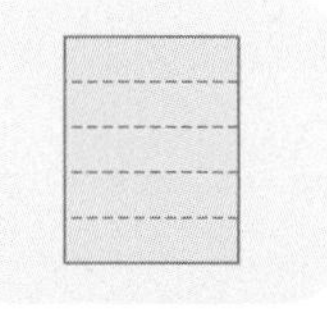

$\frac{6}{5}=\square\frac{\square}{\square}$

○ 대분수를 가분수로 나타내어 보세요.

⑨ $1\frac{1}{2}=$

$1\frac{1}{2}$ → 1과 $\frac{1}{2}$ → $\frac{2}{2}$와 $\frac{1}{2}$

⑩ $1\frac{2}{3}=$

⑪ $3\frac{2}{3}=$

⑫ $1\frac{3}{4}=$

⑬ $4\frac{1}{4}=$

⑭ $3\frac{2}{5}=$

⑮ $5\frac{4}{5}=$

⑯ $3\frac{5}{6}=$

⑰ $4\frac{1}{6}=$

⑱ $5\frac{2}{7}=$

⑲ $8\frac{6}{7}=$

⑳ $2\frac{3}{8}=$

㉑ $5\frac{1}{8}=$

㉒ $3\frac{7}{9}=$

㉓ $4\frac{4}{9}=$

㉔ $1\frac{9}{10}=$

㉕ $2\frac{4}{11}=$

㉖ $3\frac{5}{12}=$

㉗ $1\frac{4}{15}=$

㉘ $1\frac{3}{16}=$

㉙ $2\frac{5}{18}=$

● 가분수를 대분수로 나타내어 보세요.

30 $\frac{9}{2}=$

$\frac{9}{2}$ → $\frac{8}{2}$과 $\frac{1}{2}$

31 $\frac{13}{2}=$

32 $\frac{7}{3}=$

33 $\frac{20}{3}=$

34 $\frac{15}{4}=$

35 $\frac{31}{4}=$

36 $\frac{16}{5}=$

37 $\frac{37}{5}=$

38 $\frac{11}{6}=$

39 $\frac{16}{6}=$

40 $\frac{12}{7}=$

41 $\frac{18}{7}=$

42 $\frac{21}{8}=$

43 $\frac{43}{8}=$

44 $\frac{32}{9}=$

45 $\frac{59}{9}=$

46 $\frac{32}{10}=$

47 $\frac{40}{11}=$

48 $\frac{42}{15}=$

49 $\frac{35}{16}=$

50 $\frac{51}{20}=$

29 분수의 크기 비교

분모가 같은 가분수와 대분수의 크기 비교

분모가 같은 가분수는 분자가 클수록 더 큽니다.

5<7

$\frac{5}{4} < \frac{7}{4}$

분모가 같은 대분수는 자연수가 클수록 더 크고, 자연수가 같으면 분자가 클수록 더 큽니다.

3<4

$3\frac{2}{5} < 4\frac{1}{5}$

1<2

$5\frac{1}{3} < 5\frac{2}{3}$

분모가 같은 가분수 $\frac{10}{7}$과 대분수 $2\frac{2}{7}$의 크기 비교

대분수를 가분수로, 가분수를 대분수로 나타내어 크기를 비교합니다.

$2\frac{2}{7}=\frac{16}{7}$이므로

$\frac{10}{7}<\frac{16}{7} \rightarrow \frac{10}{7}<2\frac{2}{7}$

$\frac{10}{7}=1\frac{3}{7}$이므로

$1\frac{3}{7}<2\frac{2}{7} \rightarrow \frac{10}{7}<2\frac{2}{7}$

● 그림을 보고 분수의 크기를 비교하여 ◯ 안에 >, <를 알맞게 써넣으세요.

1

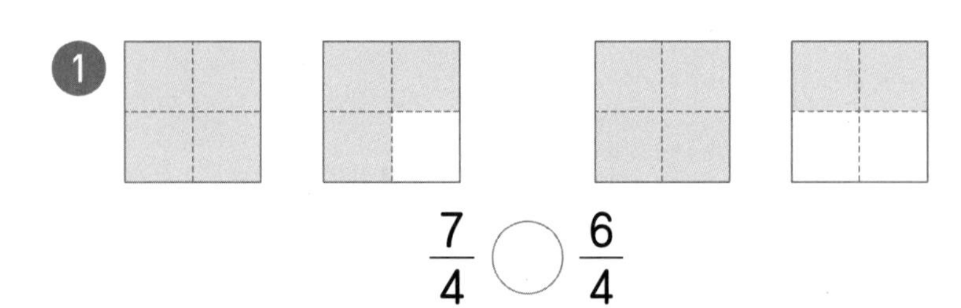

$\frac{7}{4}$ ◯ $\frac{6}{4}$

2

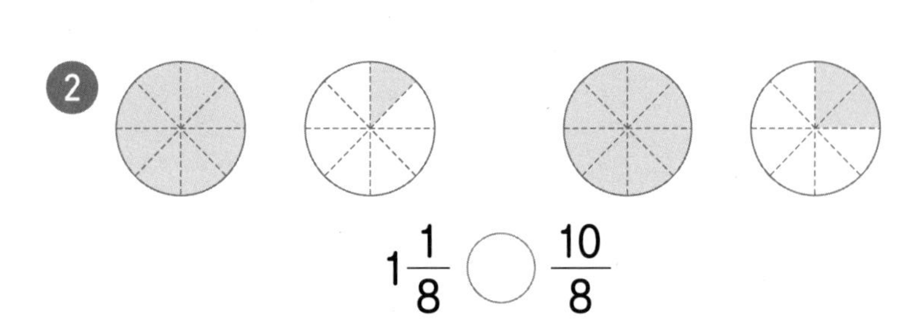

$1\frac{1}{8}$ ◯ $\frac{10}{8}$

○ 가분수의 크기를 비교하여 ◯ 안에 >, <를 알맞게 써넣으세요.

③ $\frac{5}{2}$ ◯ $\frac{7}{2}$

④ $\frac{8}{3}$ ◯ $\frac{5}{3}$

⑤ $\frac{11}{3}$ ◯ $\frac{13}{3}$

⑥ $\frac{7}{4}$ ◯ $\frac{9}{4}$

⑦ $\frac{22}{4}$ ◯ $\frac{21}{4}$

⑧ $\frac{17}{5}$ ◯ $\frac{14}{5}$

⑨ $\frac{44}{5}$ ◯ $\frac{47}{5}$

⑩ $\frac{7}{6}$ ◯ $\frac{6}{6}$

⑪ $\frac{23}{6}$ ◯ $\frac{26}{6}$

⑫ $\frac{16}{7}$ ◯ $\frac{12}{7}$

⑬ $\frac{13}{8}$ ◯ $\frac{11}{8}$

⑭ $\frac{9}{9}$ ◯ $\frac{19}{9}$

⑮ $\frac{31}{10}$ ◯ $\frac{35}{10}$

⑯ $\frac{32}{11}$ ◯ $\frac{23}{11}$

⑰ $\frac{14}{12}$ ◯ $\frac{13}{12}$

⑱ $\frac{15}{13}$ ◯ $\frac{13}{13}$

⑲ $\frac{17}{15}$ ◯ $\frac{19}{15}$

⑳ $\frac{24}{16}$ ◯ $\frac{21}{16}$

㉑ $\frac{20}{19}$ ◯ $\frac{27}{19}$

㉒ $\frac{25}{21}$ ◯ $\frac{30}{21}$

㉓ $\frac{32}{24}$ ◯ $\frac{29}{24}$

○ 대분수의 크기를 비교하여 ◯ 안에 >, <를 알맞게 써넣으세요.

㉔ $2\frac{1}{2}$ ◯ $1\frac{1}{2}$

㉕ $1\frac{1}{3}$ ◯ $2\frac{2}{3}$

㉖ $5\frac{3}{4}$ ◯ $5\frac{1}{4}$

㉗ $2\frac{3}{5}$ ◯ $2\frac{2}{5}$

㉘ $2\frac{1}{6}$ ◯ $1\frac{5}{6}$

㉙ $3\frac{6}{7}$ ◯ $3\frac{2}{7}$

㉚ $2\frac{5}{8}$ ◯ $3\frac{1}{8}$

㉛ $4\frac{7}{8}$ ◯ $3\frac{1}{8}$

㉜ $2\frac{7}{9}$ ◯ $3\frac{1}{9}$

㉝ $5\frac{7}{9}$ ◯ $5\frac{4}{9}$

㉞ $3\frac{3}{10}$ ◯ $3\frac{9}{10}$

㉟ $2\frac{5}{12}$ ◯ $4\frac{7}{12}$

㊱ $3\frac{8}{13}$ ◯ $3\frac{11}{13}$

㊲ $2\frac{11}{14}$ ◯ $2\frac{13}{14}$

㊳ $5\frac{13}{15}$ ◯ $4\frac{14}{15}$

㊴ $3\frac{5}{16}$ ◯ $3\frac{9}{16}$

㊵ $4\frac{6}{17}$ ◯ $5\frac{2}{17}$

㊶ $2\frac{8}{19}$ ◯ $1\frac{13}{19}$

㊷ $5\frac{3}{22}$ ◯ $5\frac{7}{22}$

㊸ $3\frac{21}{23}$ ◯ $4\frac{2}{23}$

㊹ $2\frac{18}{25}$ ◯ $2\frac{16}{25}$

분수의 크기를 비교하여 ◯ 안에 >, =, <를 알맞게 써넣으세요.

45. $\frac{9}{2}$ ◯ $3\frac{1}{2}$

46. $3\frac{1}{3}$ ◯ $\frac{10}{3}$

47. $\frac{7}{4}$ ◯ $1\frac{2}{4}$

48. $\frac{13}{4}$ ◯ $3\frac{1}{4}$

49. $1\frac{1}{5}$ ◯ $\frac{8}{5}$

50. $\frac{19}{6}$ ◯ $2\frac{5}{6}$

51. $5\frac{1}{6}$ ◯ $\frac{35}{6}$

52. $3\frac{6}{7}$ ◯ $\frac{29}{7}$

53. $\frac{32}{7}$ ◯ $5\frac{1}{7}$

54. $3\frac{1}{8}$ ◯ $\frac{23}{8}$

55. $\frac{35}{8}$ ◯ $4\frac{5}{8}$

56. $\frac{41}{9}$ ◯ $4\frac{2}{9}$

57. $2\frac{9}{10}$ ◯ $\frac{37}{10}$

58. $\frac{53}{10}$ ◯ $5\frac{3}{10}$

59. $5\frac{2}{11}$ ◯ $\frac{56}{11}$

60. $\frac{62}{12}$ ◯ $5\frac{2}{12}$

61. $2\frac{3}{13}$ ◯ $\frac{36}{13}$

62. $\frac{31}{15}$ ◯ $2\frac{3}{15}$

63. $4\frac{7}{17}$ ◯ $\frac{40}{17}$

64. $1\frac{5}{21}$ ◯ $\frac{26}{21}$

65. $\frac{29}{23}$ ◯ $2\frac{2}{23}$

계산 Plus+

분수, 분수의 크기 비교

○ □ 안에 알맞은 수를 써넣으세요.

1
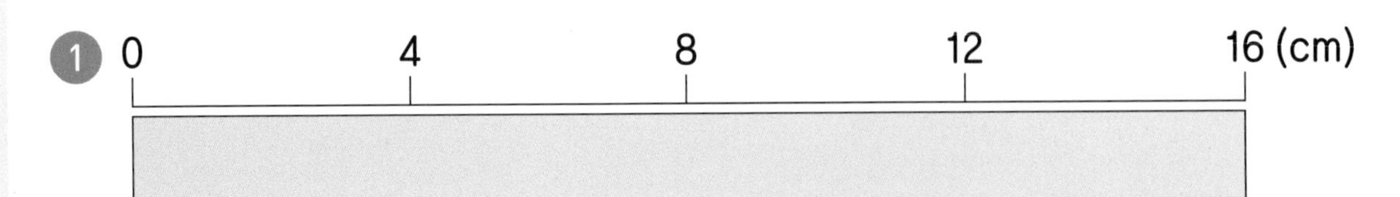

4 cm는 16 cm의 $\frac{\square}{\square}$입니다. 12 cm는 16 cm의 $\frac{\square}{\square}$입니다.

2
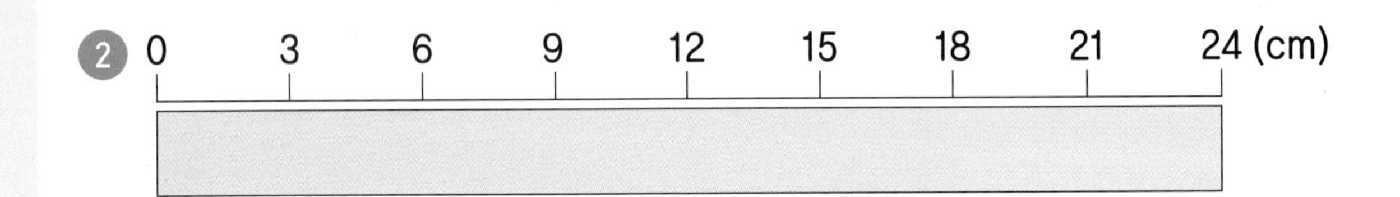

24 cm의 $\frac{1}{8}$은 □ cm입니다. 24 cm의 $\frac{5}{8}$는 □ cm입니다.

3
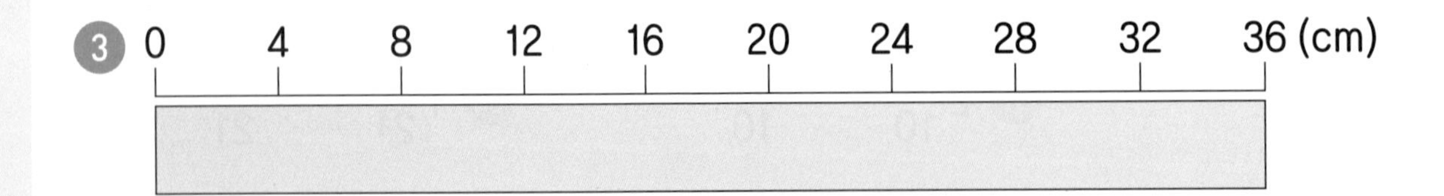

36 cm의 $\frac{1}{9}$은 □ cm입니다. 36 cm의 $\frac{7}{9}$은 □ cm입니다.

◎ 더 작은 분수에 ○표 하세요.

❹ $\frac{3}{2}$ $\frac{5}{2}$

❺ $\frac{19}{3}$ $3\frac{1}{3}$

❻ $\frac{15}{4}$ $3\frac{1}{4}$

❼ $2\frac{5}{6}$ $\frac{16}{6}$

❽ $4\frac{2}{7}$ $4\frac{5}{7}$

❾ $3\frac{1}{8}$ $2\frac{7}{8}$

❿ $\frac{25}{9}$ $\frac{21}{9}$

⓫ $3\frac{1}{10}$ $3\frac{5}{10}$

⓬ $2\frac{7}{20}$ $\frac{29}{20}$

⓭ $1\frac{8}{25}$ $2\frac{1}{25}$

◎ 분수 요정이 다음과 같이 풍선을 불었습니다. 연결된 두 풍선에 적힌 분수의 크기가 같으면 풍선이 모두 터진다고 합니다. 터질 수 있는 풍선을 모두 찾아 ○표 하세요.

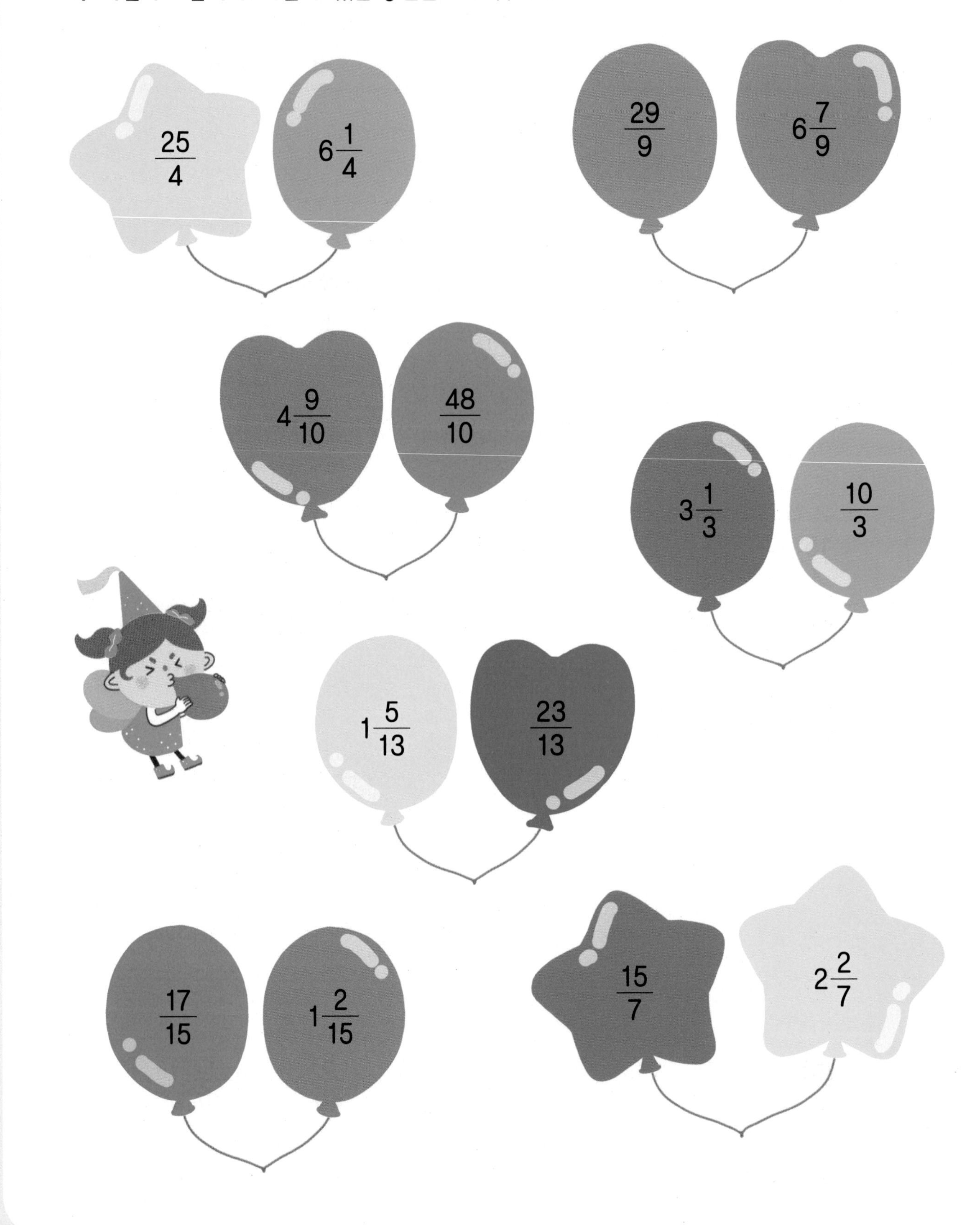

◎ 수연이가 놀이 기구를 타러 가기 위해 갈림길에서 더 큰 수를 따라가려고 합니다. 수연이가 탈 수 있는 놀이 기구에 ◯표 하세요.

31 분수 평가

○ 그림을 보고 □ 안에 알맞은 수를 써넣으세요.

1

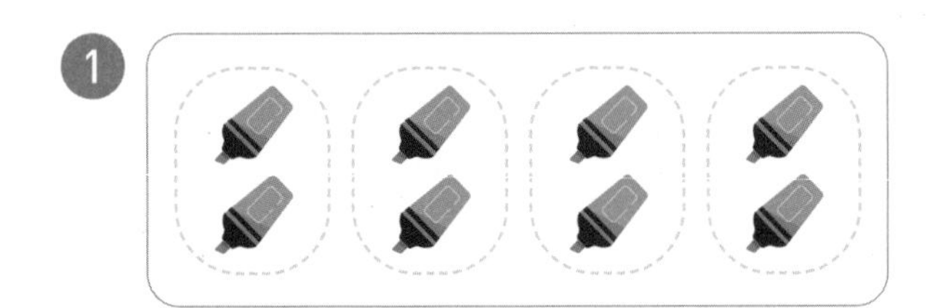

8을 2씩 묶으면 □ 묶음이 됩니다.

2는 8의 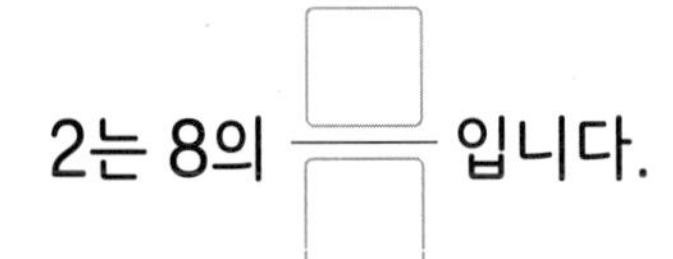 $\frac{□}{□}$ 입니다.

2

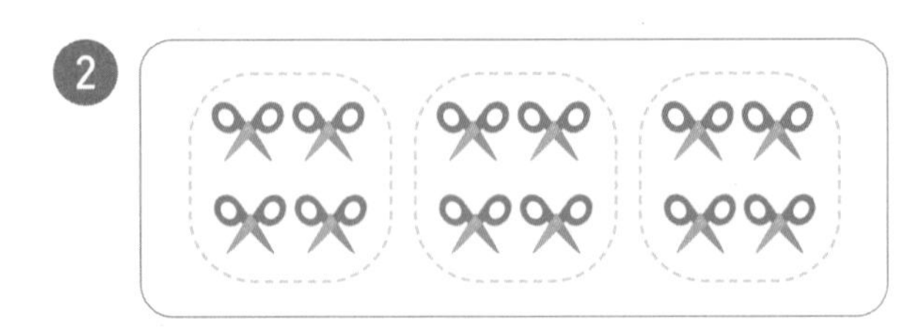

12를 4씩 묶으면 □ 묶음이 됩니다.

8은 12의 $\frac{□}{□}$ 입니다.

3

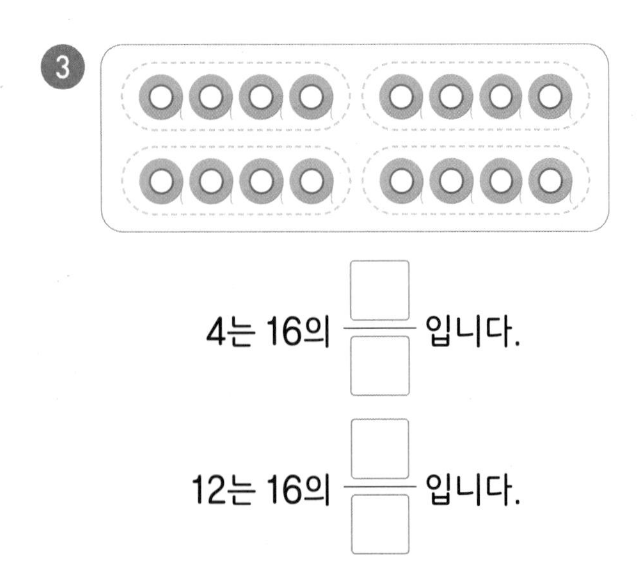

4는 16의 $\frac{□}{□}$ 입니다.

12는 16의 $\frac{□}{□}$ 입니다.

4

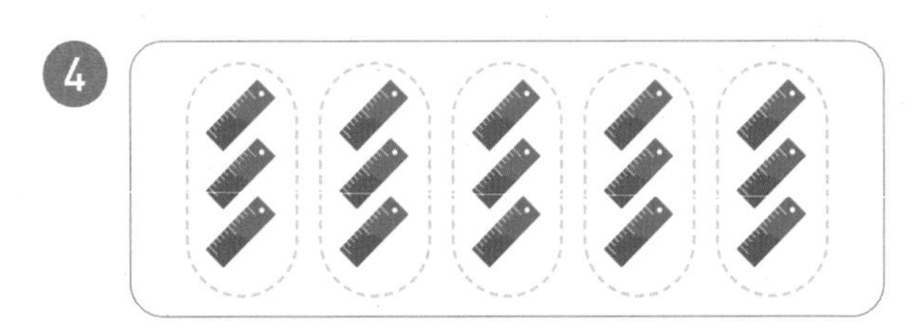

15의 $\frac{1}{5}$은 □입니다.

15의 $\frac{4}{5}$는 □입니다.

5

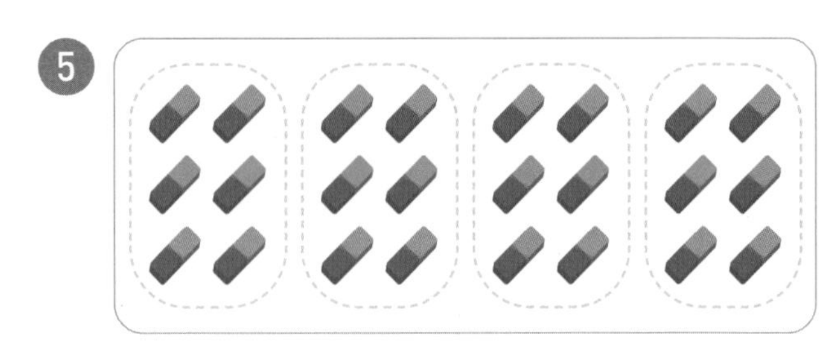

24의 $\frac{1}{4}$은 □입니다.

24의 $\frac{3}{4}$은 □입니다.

6

30의 $\frac{1}{6}$은 □입니다.

30의 $\frac{5}{6}$는 □입니다.

대분수를 가분수로, 가분수를 대분수로 나타내어 보세요.

⑦ $3\frac{1}{7}=$

⑧ $3\frac{2}{9}=$

⑨ $5\frac{3}{10}=$

⑩ $1\frac{5}{16}=$

⑪ $\frac{8}{3}=$

⑫ $\frac{25}{8}=$

⑬ $\frac{25}{11}=$

분수의 크기를 비교하여 ◯ 안에 >, =, < 를 알맞게 써넣으세요.

⑭ $2\frac{3}{4}$ ◯ $3\frac{1}{4}$

⑮ $4\frac{3}{5}$ ◯ $\frac{43}{5}$

⑯ $2\frac{2}{9}$ ◯ $\frac{20}{9}$

⑰ $\frac{29}{12}$ ◯ $\frac{33}{12}$

⑱ $1\frac{5}{16}$ ◯ $2\frac{2}{16}$

⑲ $\frac{40}{17}$ ◯ $\frac{37}{17}$

⑳ $4\frac{1}{20}$ ◯ $\frac{81}{20}$

L와 mL, kg과 g의 **관계**를 알고,
들이·무게의 **합**과 **차**를 구하는 훈련이 중요한

4 들이·무게 단위의 합과 차

1 L와 1 mL의 관계

- 들이의 단위에는 1 L(1 리터)와 1 mL(1 밀리리터)가 있습니다.

1 L=1000 mL

- 3 L보다 500 mL 더 많은 들이 → 쓰기 3 L 500 mL / 읽기 3 리터 500 밀리리터

3 L 500 mL=3500 mL

○ □ 안에 알맞은 수를 써넣으세요.

1. 1 L= □ mL
2. 2 L= □ mL
3. 4 L= □ mL
4. 5 L= □ mL
5. 1000 mL= □ L
6. 3000 mL= □ L
7. 5000 mL= □ L
8. 6000 mL= □ L

⑨ 6 L= ☐ mL

⑩ 9 L= ☐ mL

⑪ 10 L= ☐ mL

⑫ 12 L= ☐ mL

⑬ 13 L= ☐ mL

⑭ 15 L= ☐ mL

⑮ 31 L= ☐ mL

⑯ 7000 mL= ☐ L

⑰ 8000 mL= ☐ L

⑱ 14000 mL= ☐ L

⑲ 19000 mL= ☐ L

⑳ 27000 mL= ☐ L

㉑ 30000 mL= ☐ L

㉒ 35000 mL= ☐ L

◎ □ 안에 알맞은 수를 써넣으세요.

㉓ 1 L 500 mL= □ mL

㉔ 1 L 800 mL= □ mL

㉕ 2 L 100 mL= □ mL

㉖ 3 L 240 mL= □ mL

㉗ 3 L 700 mL= □ mL

㉘ 4 L 300 mL= □ mL

㉙ 5 L 50 mL= □ mL

㉚ 5 L 630 mL= □ mL

㉛ 8 L 4 mL= □ mL

㉜ 9 L 70 mL= □ mL

㉝ 10 L 100 mL= □ mL

㉞ 11 L 600 mL= □ mL

㉟ 27 L 90 mL= □ mL

㊱ 45 L 80 mL= □ mL

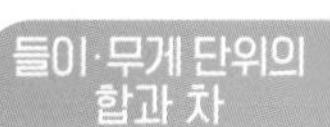

㊲ 2300 mL= ☐ L ☐ mL

㊳ 2700 mL= ☐ L ☐ mL

㊴ 3800 mL= ☐ L ☐ mL

㊵ 4150 mL= ☐ L ☐ mL

㊶ 4510 mL= ☐ L ☐ mL

㊷ 5900 mL= ☐ L ☐ mL

㊸ 6280 mL= ☐ L ☐ mL

㊹ 7490 mL= ☐ L ☐ mL

㊺ 8760 mL= ☐ L ☐ mL

㊻ 10210 mL= ☐ L ☐ mL

㊼ 15070 mL= ☐ L ☐ mL

㊽ 20020 mL= ☐ L ☐ mL

㊾ 27940 mL= ☐ L ☐ mL

㊿ 35050 mL= ☐ L ☐ mL

공부한 날짜 월 일

33 들이의 합

1 L 500 mL+2 L 700 mL의 계산

- L는 L끼리, mL는 mL끼리 더합니다.
- mL끼리의 **합이 1000**이거나 **1000보다 크면 1000 mL를 1 L로 받아올림**합니다.

	1	
	1 L	500 mL
+	2 L	700 mL
	4 L	200 mL

◎ 계산해 보세요.

①
$$\begin{array}{r} 1\text{ L}\ \ 300\text{ mL} \\ +\ 1\text{ L}\ \ 400\text{ mL} \\ \hline \square\text{ L}\ \ \square\text{ mL} \end{array}$$

②
$$\begin{array}{r} 3\text{ L}\ \ 200\text{ mL} \\ +\ 1\text{ L}\ \ 400\text{ mL} \\ \hline \square\text{ L}\ \ \square\text{ mL} \end{array}$$

③
$$\begin{array}{r} 4\text{ L}\ \ 600\text{ mL} \\ +\ 2\text{ L}\ \ 200\text{ mL} \\ \hline \square\text{ L}\ \ \square\text{ mL} \end{array}$$

④
$$\begin{array}{r} 5\text{ L}\ \ 450\text{ mL} \\ +\ 2\text{ L}\ \ 500\text{ mL} \\ \hline \square\text{ L}\ \ \square\text{ mL} \end{array}$$

⑤
$$\begin{array}{r} 7\text{ L}\ \ 250\text{ mL} \\ +\ 1\text{ L}\ \ 150\text{ mL} \\ \hline \square\text{ L}\ \ \square\text{ mL} \end{array}$$

⑥
$$\begin{array}{r} 8\text{ L}\ \ 850\text{ mL} \\ +\ 1\text{ L}\ \ 50\text{ mL} \\ \hline \square\text{ L}\ \ \square\text{ mL} \end{array}$$

⑦
$$\begin{array}{r} 1\text{ L } 800\text{ mL} \\ +\ 3\text{ L } 300\text{ mL} \\ \hline \square\text{ L } \square\text{ mL} \end{array}$$

⑧
$$\begin{array}{r} 2\text{ L } 200\text{ mL} \\ +\ 4\text{ L } 900\text{ mL} \\ \hline \square\text{ L } \square\text{ mL} \end{array}$$

⑨
$$\begin{array}{r} 2\text{ L } 400\text{ mL} \\ +\ 6\text{ L } 800\text{ mL} \\ \hline \square\text{ L } \square\text{ mL} \end{array}$$

⑩
$$\begin{array}{r} 3\text{ L } 700\text{ mL} \\ +\ 2\text{ L } 350\text{ mL} \\ \hline \square\text{ L } \square\text{ mL} \end{array}$$

⑪
$$\begin{array}{r} 4\text{ L } 500\text{ mL} \\ +\ 1\text{ L } 700\text{ mL} \\ \hline \square\text{ L } \square\text{ mL} \end{array}$$

⑫
$$\begin{array}{r} 5\text{ L } 800\text{ mL} \\ +\ 2\text{ L } 300\text{ mL} \\ \hline \square\text{ L } \square\text{ mL} \end{array}$$

⑬
$$\begin{array}{r} 5\text{ L } 950\text{ mL} \\ +\ 3\text{ L } 100\text{ mL} \\ \hline \square\text{ L } \square\text{ mL} \end{array}$$

⑭
$$\begin{array}{r} 6\text{ L } 700\text{ mL} \\ +\ 2\text{ L } 650\text{ mL} \\ \hline \square\text{ L } \square\text{ mL} \end{array}$$

⑮
$$\begin{array}{r} 7\text{ L } 450\text{ mL} \\ +\ 2\text{ L } 550\text{ mL} \\ \hline \square\text{ L} \end{array}$$

⑯
$$\begin{array}{r} 7\text{ L } 850\text{ mL} \\ +\ 1\text{ L } 220\text{ mL} \\ \hline \square\text{ L } \square\text{ mL} \end{array}$$

⑰
$$\begin{array}{r} 8\text{ L } 350\text{ mL} \\ +\ 1\text{ L } 850\text{ mL} \\ \hline \square\text{ L } \square\text{ mL} \end{array}$$

⑱
$$\begin{array}{r} 9\text{ L } 750\text{ mL} \\ +\ 2\text{ L } 630\text{ mL} \\ \hline \square\text{ L } \square\text{ mL} \end{array}$$

◎ 계산해 보세요.

⑲
$$\begin{array}{rrr} & 2\text{ L} & 200\text{ mL} \\ + & 1\text{ L} & 600\text{ mL} \\ \hline \end{array}$$

⑳
$$\begin{array}{rrr} & 3\text{ L} & 650\text{ mL} \\ + & 2\text{ L} & 300\text{ mL} \\ \hline \end{array}$$

㉑
$$\begin{array}{rrr} & 4\text{ L} & 700\text{ mL} \\ + & 3\text{ L} & 250\text{ mL} \\ \hline \end{array}$$

㉒
$$\begin{array}{rrr} & 1\text{ L} & 800\text{ mL} \\ + & 2\text{ L} & 300\text{ mL} \\ \hline \end{array}$$

㉓
$$\begin{array}{rrr} & 3\text{ L} & 500\text{ mL} \\ + & 2\text{ L} & 600\text{ mL} \\ \hline \end{array}$$

㉔
$$\begin{array}{rrr} & 4\text{ L} & 700\text{ mL} \\ + & 1\text{ L} & 700\text{ mL} \\ \hline \end{array}$$

㉕
$$\begin{array}{rrr} & 4\text{ L} & 750\text{ mL} \\ + & 4\text{ L} & 500\text{ mL} \\ \hline \end{array}$$

㉖
$$\begin{array}{rrr} & 5\text{ L} & 500\text{ mL} \\ + & 1\text{ L} & 650\text{ mL} \\ \hline \end{array}$$

㉗
$$\begin{array}{rrr} & 5\text{ L} & 900\text{ mL} \\ + & 3\text{ L} & 650\text{ mL} \\ \hline \end{array}$$

㉘
$$\begin{array}{rrr} & 6\text{ L} & 250\text{ mL} \\ + & 8\text{ L} & 800\text{ mL} \\ \hline \end{array}$$

㉙
$$\begin{array}{rrr} & 7\text{ L} & 900\text{ mL} \\ + & 5\text{ L} & 300\text{ mL} \\ \hline \end{array}$$

㉚
$$\begin{array}{rrr} & 8\text{ L} & 450\text{ mL} \\ + & 4\text{ L} & 850\text{ mL} \\ \hline \end{array}$$

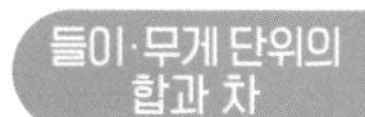

㉛ 2 L 400 mL+1 L 100 mL
=

㉜ 3 L 200 mL+2 L 500 mL
=

㉝ 5 L 650 mL+4 L 200 mL
=

㉞ 1 L 500 mL+1 L 700 mL
=

㉟ 2 L 700 mL+6 L 350 mL
=

㊱ 2 L 800 mL+2 L 500 mL
=

㊲ 3 L 390 mL+4 L 850 mL
=

㊳ 4 L 600 mL+3 L 550 mL
=

㊴ 5 L 150 mL+2 L 850 mL
=

㊵ 6 L 740 mL+3 L 630 mL
=

㊶ 6 L 950 mL+6 L 450 mL
=

㊷ 7 L 770 mL+4 L 330 mL
=

㊸ 8 L 560 mL+5 L 670 mL
=

㊹ 9 L 420 mL+3 L 880 mL
=

34 들이의 차

3 L 500 mL−1 L 600 mL의 계산

- L는 L끼리, mL는 mL끼리 뺍니다.
- mL끼리 뺄 수 없으면 **1 L를 1000 mL로 받아내림**합니다.

	2	1000
	~~3~~ L	500 mL
−	1 L	600 mL
	1 L	900 mL

계산해 보세요.

1.
	3 L	300 mL
−	1 L	100 mL
	□ L	□ mL

2.
	3 L	800 mL
−	2 L	600 mL
	□ L	□ mL

3.
	4 L	500 mL
−	2 L	200 mL
	□ L	□ mL

4.
	5 L	600 mL
−	4 L	300 mL
	□ L	□ mL

5.
	7 L	900 mL
−	5 L	500 mL
	□ L	□ mL

6.
	8 L	550 mL
−	7 L	300 mL
	□ L	□ mL

⑦ 3 L 200 mL − 1 L 300 mL = □ L □ mL

⑧ 3 L 400 mL − 1 L 800 mL = □ L □ mL

⑨ 4 L 150 mL − 1 L 900 mL = □ L □ mL

⑩ 4 L 200 mL − 2 L 750 mL = □ L □ mL

⑪ 5 L 100 mL − 3 L 400 mL = □ L □ mL

⑫ 6 L 300 mL − 4 L 500 mL = □ L □ mL

⑬ 6 L 550 mL − 2 L 700 mL = □ L □ mL

⑭ 7 L 250 mL − 5 L 450 mL = □ L □ mL

⑮ 8 L 50 mL − 6 L 600 mL = □ L □ mL

⑯ 8 L 700 mL − 2 L 950 mL = □ L □ mL

⑰ 9 L 750 mL − 4 L 850 mL = □ L □ mL

⑱ 10 L 300 mL − 3 L 550 mL = □ L □ mL

◎ 계산해 보세요.

⑲
$$\begin{array}{rrr} & 3\text{ L} & 900\text{ mL} \\ - & 2\text{ L} & 400\text{ mL} \\ \hline \end{array}$$

⑳
$$\begin{array}{rrr} & 5\text{ L} & 350\text{ mL} \\ - & 1\text{ L} & 100\text{ mL} \\ \hline \end{array}$$

㉑
$$\begin{array}{rrr} & 6\text{ L} & 540\text{ mL} \\ - & 4\text{ L} & 200\text{ mL} \\ \hline \end{array}$$

㉒
$$\begin{array}{rrr} & 3\text{ L} & 400\text{ mL} \\ - & 1\text{ L} & 600\text{ mL} \\ \hline \end{array}$$

㉓
$$\begin{array}{rrr} & 4\text{ L} & 450\text{ mL} \\ - & 2\text{ L} & 700\text{ mL} \\ \hline \end{array}$$

㉔
$$\begin{array}{rrr} & 5\text{ L} & \\ - & 3\text{ L} & 950\text{ mL} \\ \hline \end{array}$$

㉕
$$\begin{array}{rrr} & 5\text{ L} & 350\text{ mL} \\ - & 4\text{ L} & 750\text{ mL} \\ \hline \end{array}$$

㉖
$$\begin{array}{rrr} & 6\text{ L} & 200\text{ mL} \\ - & 3\text{ L} & 850\text{ mL} \\ \hline \end{array}$$

㉗
$$\begin{array}{rrr} & 7\text{ L} & 180\text{ mL} \\ - & 5\text{ L} & 500\text{ mL} \\ \hline \end{array}$$

㉘
$$\begin{array}{rrr} & 8\text{ L} & 450\text{ mL} \\ - & 2\text{ L} & 900\text{ mL} \\ \hline \end{array}$$

㉙
$$\begin{array}{rrr} & 9\text{ L} & 320\text{ mL} \\ - & 6\text{ L} & 810\text{ mL} \\ \hline \end{array}$$

㉚
$$\begin{array}{rrr} & 10\text{ L} & 630\text{ mL} \\ - & 7\text{ L} & 870\text{ mL} \\ \hline \end{array}$$

31 2 L 700 mL－1 L 600 mL
＝

32 3 L 500 mL－1 L 200 mL
＝

33 5 L 750 mL－3 L 400 mL
＝

34 3 L 300 mL－2 L 600 mL
＝

35 4 L－2 L 750 mL
＝

36 4 L 400 mL－1 L 450 mL
＝

37 5 L 50 mL－3 L 650 mL
＝

38 5 L 200 mL－2 L 850 mL
＝

39 6 L 100 mL－3 L 550 mL
＝

40 7 L 240 mL－5 L 910 mL
＝

41 8 L－4 L 360 mL
＝

42 9 L 50 mL－4 L 270 mL
＝

43 11 L 640 mL－6 L 820 mL
＝

44 12 L 170 mL－8 L 290 mL
＝

계산 Plus+

들이의 합과 차

○ 빈칸에 알맞은 들이를 써넣으세요.

❶ 1 L 400 mL → +5 L 300 mL → ( )

└ 1 L 400 mL+5 L 300 mL를 계산해요.

❷ 2 L 500 mL → +3 L 700 mL → ( )

❸ 4 L 800 mL → +2 L 350 mL → ( )

❹ 7 L 600 mL → +2 L 560 mL → ( )

❺ 2 L 800 mL → −1 L 500 mL → ( )

└ 2 L 800 mL−1 L 500 mL를 계산해요.

❻ 3 L 200 mL → −1 L 400 mL → ( )

❼ 5 L 150 mL → −2 L 200 mL → ( )

❽ 9 L 300 mL → −4 L 820 mL → ( )

❾
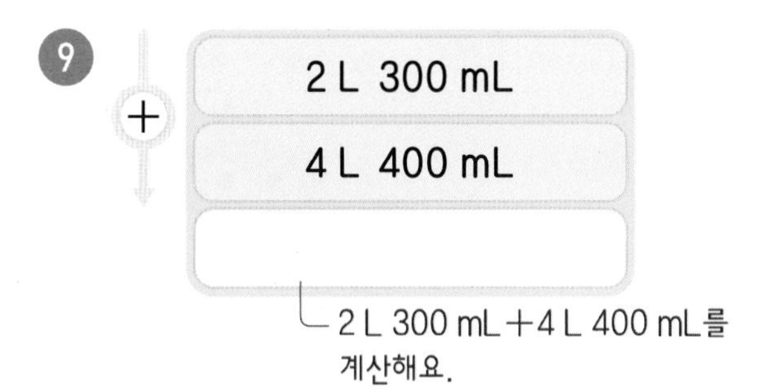

2 L 300 mL+4 L 400 mL를 계산해요.

⓭
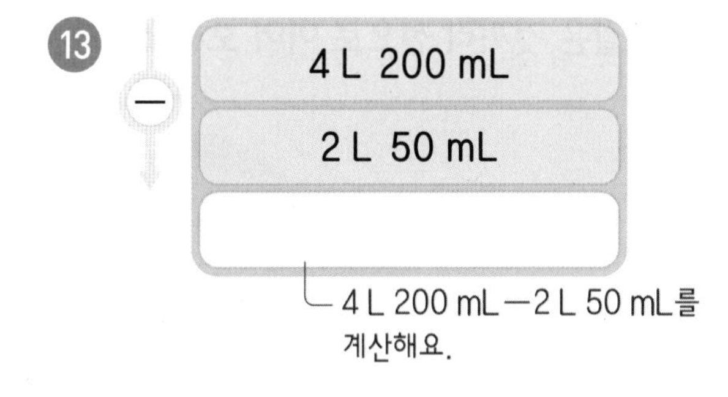

4 L 200 mL−2 L 50 mL를 계산해요.

❿

⓮
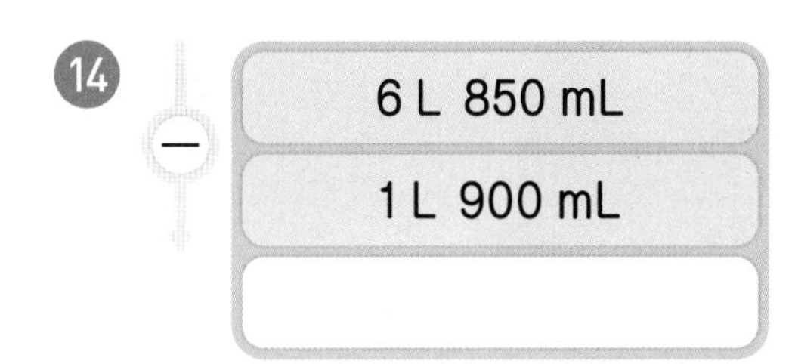

⓫ +

5 L 650 mL

2 L 710 mL

⓯
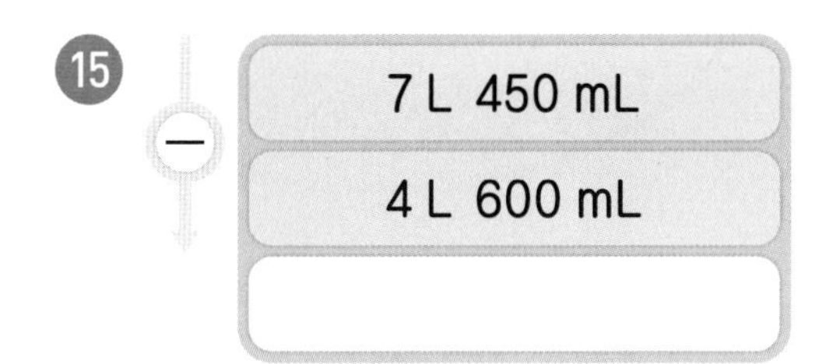

⓬ +

8 L 750 mL

1 L 550 mL

⓰
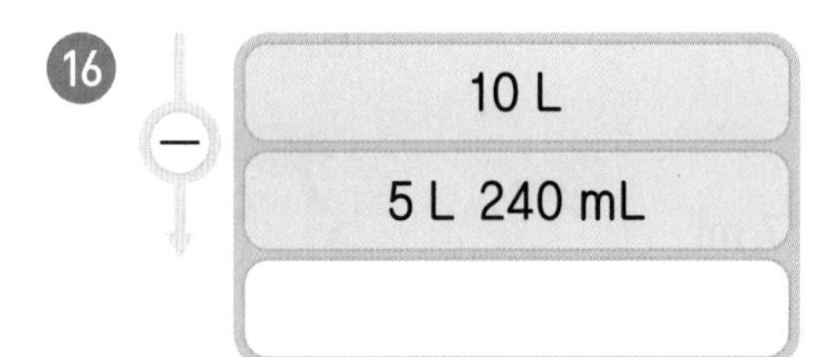

◎ 들이가 같은 것끼리 선으로 이어 보세요.

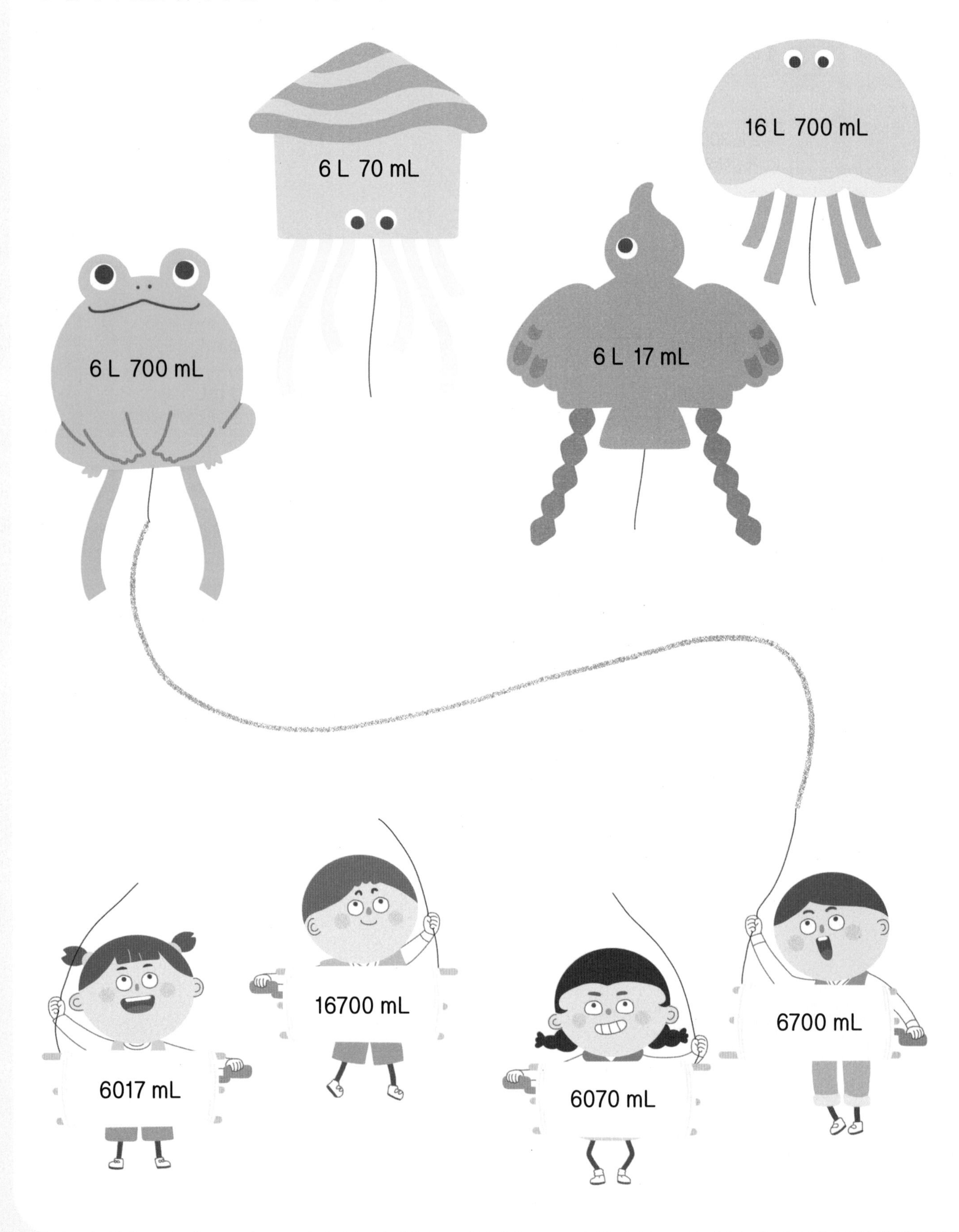

계산 결과가 바른 것을 따라갈 때, 만나는 물건에 ○표 하세요.

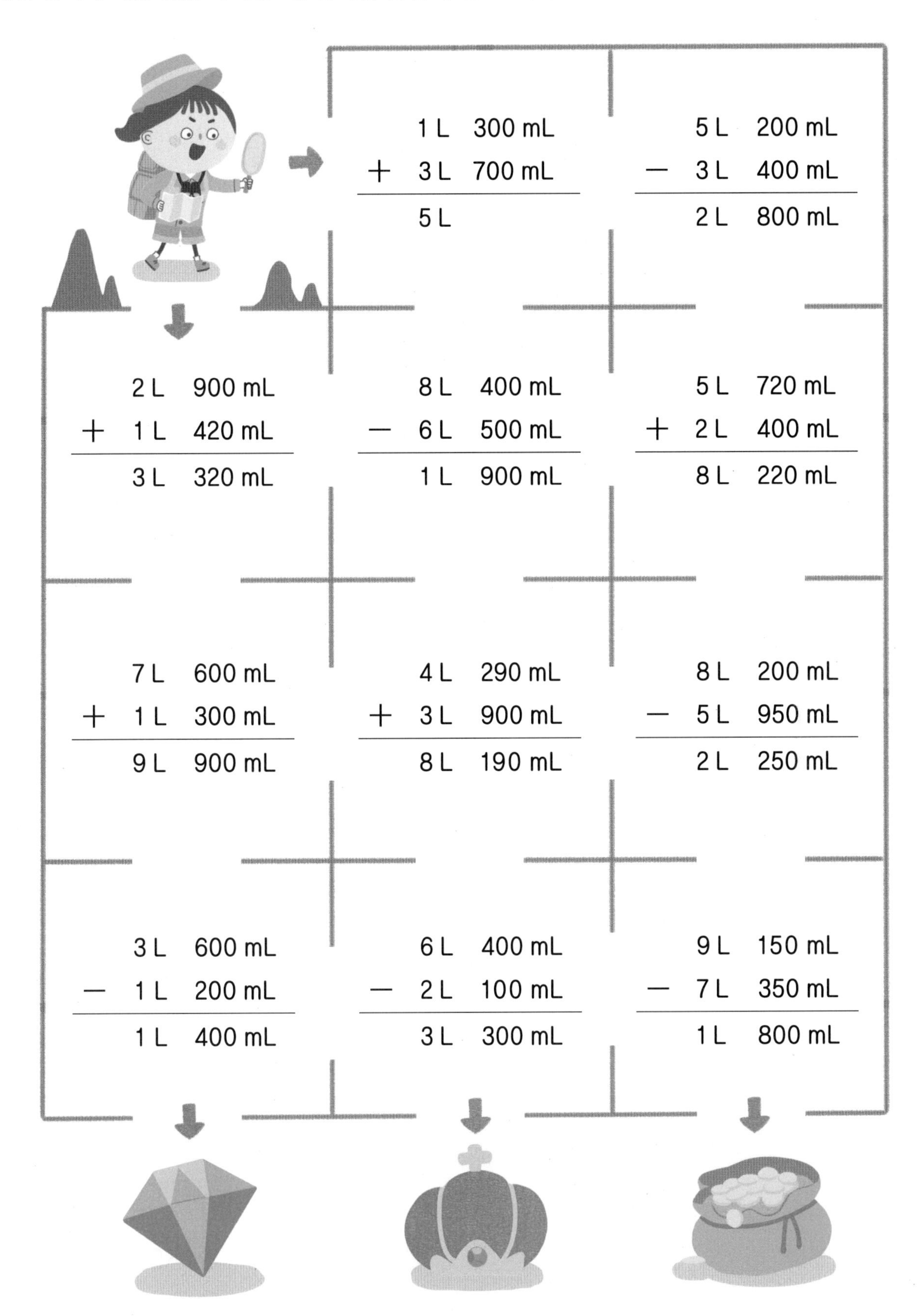

36 1 kg, 1 g, 1 t의 관계

- 무게의 단위에는 1 kg(1 킬로그램), 1 g(1 그램), 1 t(1 톤)이 있습니다.

1 kg=1000 g　　1 t=1000 kg

- 1 kg보다 200 g 더 무거운 무게 → 쓰기 1 kg 200 g / 읽기 1 킬로그램 200 그램

1 kg 200 g=1200 g

◎ □ 안에 알맞은 수를 써넣으세요.

❶ 1 kg=□ g

❷ 3 kg=□ g

❸ 5 kg=□ g

❹ 6 kg=□ g

❺ 1000 g=□ kg

❻ 2000 g=□ kg

❼ 6000 g=□ kg

❽ 7000 g=□ kg

⑨ 7 kg= ☐ g

⑩ 10 kg= ☐ g

⑪ 11 kg= ☐ g

⑫ 15 kg= ☐ g

⑬ 1 t= ☐ kg

⑭ 6 t= ☐ kg

⑮ 12 t= ☐ kg

⑯ 8000 g= ☐ kg

⑰ 10000 g= ☐ kg

⑱ 12000 g= ☐ kg

⑲ 27000 g= ☐ kg

⑳ 3000 kg= ☐ t

㉑ 9000 kg= ☐ t

㉒ 21000 kg= ☐ t

○ ☐ 안에 알맞은 수를 써넣으세요.

㉓ 1 kg 100 g= ☐ g

㉔ 2 kg 950 g= ☐ g

㉕ 3 kg 600 g= ☐ g

㉖ 5 kg 550 g= ☐ g

㉗ 6 kg 300 g= ☐ g

㉘ 7 kg 400 g= ☐ g

㉙ 8 kg 90 g= ☐ g

㉚ 9 kg 700 g= ☐ g

㉛ 10 kg 590 g= ☐ g

㉜ 17 kg 900 g= ☐ g

㉝ 24 kg 200 g= ☐ g

㉞ 25 kg 50 g= ☐ g

㉟ 31 kg 120 g= ☐ g

㊱ 45 kg 80 g= ☐ g

㊲ 1500 g= ☐ kg ☐ g

㊳ 1900 g= ☐ kg ☐ g

㊴ 2100 g= ☐ kg ☐ g

㊵ 3030 g= ☐ kg ☐ g

㊶ 4170 g= ☐ kg ☐ g

㊷ 5450 g= ☐ kg ☐ g

㊸ 6200 g= ☐ kg ☐ g

㊹ 7490 g= ☐ kg ☐ g

㊺ 8630 g= ☐ kg ☐ g

㊻ 10040 g= ☐ kg ☐ g

㊼ 13060 g= ☐ kg ☐ g

㊽ 21210 g= ☐ kg ☐ g

㊾ 37900 g= ☐ kg ☐ g

㊿ 43025 g= ☐ kg ☐ g

37 무게의 합

5 kg 700 g+2 kg 500 g의 계산

- kg은 kg끼리, g은 g끼리 더합니다.
- g끼리의 **합이 1000**이거나 **1000보다 크면 1000 g을 1 kg으로 받아올림**합니다.

	1	
	5 kg	700 g
+	2 kg	500 g
	8 kg	200 g

계산해 보세요.

❶

	1	kg	300	g
+	1	kg	200	g
	□	kg	□	g

❷

	2	kg	800	g
+	3	kg	100	g
	□	kg	□	g

❸

	3	kg	250	g
+	2	kg	500	g
	□	kg	□	g

❹

	4	kg	400	g
+	4	kg	500	g
	□	kg	□	g

❺

	5	kg	250	g
+	3	kg	200	g
	□	kg	□	g

❻

	6	kg	150	g
+	3	kg	620	g
	□	kg	□	g

⑦ 1 kg 400 g + 2 kg 700 g = □ kg □ g

⑧ 2 kg 900 g + 3 kg 200 g = □ kg □ g

⑨ 3 kg 650 g + 1 kg 450 g = □ kg □ g

⑩ 4 kg 850 g + 1 kg 250 g = □ kg □ g

⑪ 5 kg 550 g + 3 kg 700 g = □ kg □ g

⑫ 6 kg 300 g + 2 kg 950 g = □ kg □ g

⑬ 6 kg 500 g + 4 kg 600 g = □ kg □ g

⑭ 7 kg 350 g + 5 kg 750 g = □ kg □ g

⑮ 7 kg 830 g + 3 kg 200 g = □ kg □ g

⑯ 8 kg 400 g + 3 kg 940 g = □ kg □ g

⑰ 8 kg 590 g + 7 kg 500 g = □ kg □ g

⑱ 9 kg 900 g + 6 kg 120 g = □ kg □ g

○ 계산해 보세요.

⑲
$$\begin{array}{rrr} & 3\text{ kg} & 750\text{ g} \\ + & 5\text{ kg} & 150\text{ g} \\ \hline \end{array}$$

⑳
$$\begin{array}{rrr} & 4\text{ kg} & 300\text{ g} \\ + & 2\text{ kg} & 450\text{ g} \\ \hline \end{array}$$

㉑
$$\begin{array}{rrr} & 6\text{ kg} & 600\text{ g} \\ + & 4\text{ kg} & 300\text{ g} \\ \hline \end{array}$$

㉒
$$\begin{array}{rrr} & 2\text{ kg} & 300\text{ g} \\ + & 4\text{ kg} & 850\text{ g} \\ \hline \end{array}$$

㉓
$$\begin{array}{rrr} & 3\text{ kg} & 510\text{ g} \\ + & 2\text{ kg} & 590\text{ g} \\ \hline \end{array}$$

㉔
$$\begin{array}{rrr} & 3\text{ kg} & 800\text{ g} \\ + & 3\text{ kg} & 700\text{ g} \\ \hline \end{array}$$

㉕
$$\begin{array}{rrr} & 4\text{ kg} & 900\text{ g} \\ + & 1\text{ kg} & 500\text{ g} \\ \hline \end{array}$$

㉖
$$\begin{array}{rrr} & 5\text{ kg} & 450\text{ g} \\ + & 2\text{ kg} & 750\text{ g} \\ \hline \end{array}$$

㉗
$$\begin{array}{rrr} & 6\text{ kg} & 700\text{ g} \\ + & 3\text{ kg} & 480\text{ g} \\ \hline \end{array}$$

㉘
$$\begin{array}{rrr} & 7\text{ kg} & 340\text{ g} \\ + & 8\text{ kg} & 920\text{ g} \\ \hline \end{array}$$

㉙
$$\begin{array}{rrr} & 8\text{ kg} & 800\text{ g} \\ + & 2\text{ kg} & 550\text{ g} \\ \hline \end{array}$$

㉚
$$\begin{array}{rrr} & 9\text{ kg} & 560\text{ g} \\ + & 5\text{ kg} & 750\text{ g} \\ \hline \end{array}$$

㉛ 1 kg 300 g + 7 kg 300 g
=

㉜ 2 kg 500 g + 5 kg 150 g
=

㉝ 3 kg 200 g + 2 kg 390 g
=

㉞ 3 kg 100 g + 4 kg 900 g
=

㉟ 4 kg 800 g + 8 kg 400 g
=

㊱ 5 kg 500 g + 3 kg 500 g
=

㊲ 5 kg 850 g + 7 kg 950 g
=

㊳ 6 kg 650 g + 4 kg 400 g
=

㊴ 6 kg 720 g + 8 kg 460 g
=

㊵ 7 kg 350 g + 3 kg 900 g
=

㊶ 7 kg 580 g + 6 kg 620 g
=

㊷ 8 kg 990 g + 5 kg 240 g
=

㊸ 9 kg 260 g + 2 kg 830 g
=

㊹ 9 kg 750 g + 9 kg 330 g
=

38 무게의 차

3 kg 100 g－1 kg 500 g의 계산

- kg은 kg끼리, g은 g끼리 뺍니다.
- g끼리 뺄 수 없으면 **1 kg을 1000 g으로 받아내림**합니다.

	2	1000
	~~3~~ kg	100 g
−	1 kg	500 g
	1 kg	600 g

계산해 보세요.

❶

	2 kg	800 g
−	1 kg	400 g
	□ kg	□ g

❷

	3 kg	500 g
−	2 kg	100 g
	□ kg	□ g

❸

	4 kg	750 g
−	1 kg	200 g
	□ kg	□ g

❹

	6 kg	500 g
−	3 kg	350 g
	□ kg	□ g

❺

	7 kg	300 g
−	6 kg	150 g
	□ kg	□ g

❻

	8 kg	450 g
−	4 kg	50 g
	□ kg	□ g

⑦
$$\begin{array}{rrrr} & 3\ \text{kg} & 300\ \text{g} \\ - & 1\ \text{kg} & 900\ \text{g} \\ \hline & \square\ \text{kg} & \square\ \text{g} \end{array}$$

⑧
$$\begin{array}{rrrr} & 4\ \text{kg} & 150\ \text{g} \\ - & 2\ \text{kg} & 250\ \text{g} \\ \hline & \square\ \text{kg} & \square\ \text{g} \end{array}$$

⑨
$$\begin{array}{rrrr} & 4\ \text{kg} & 230\ \text{g} \\ - & 1\ \text{kg} & 320\ \text{g} \\ \hline & \square\ \text{kg} & \square\ \text{g} \end{array}$$

⑩
$$\begin{array}{rrrr} & 5\ \text{kg} & 450\ \text{g} \\ - & 1\ \text{kg} & 700\ \text{g} \\ \hline & \square\ \text{kg} & \square\ \text{g} \end{array}$$

⑪
$$\begin{array}{rrrr} & 5\ \text{kg} & 600\ \text{g} \\ - & 3\ \text{kg} & 950\ \text{g} \\ \hline & \square\ \text{kg} & \square\ \text{g} \end{array}$$

⑫
$$\begin{array}{rrrr} & 6\ \text{kg} & 350\ \text{g} \\ - & 3\ \text{kg} & 510\ \text{g} \\ \hline & \square\ \text{kg} & \square\ \text{g} \end{array}$$

⑬
$$\begin{array}{rrrr} & 6\ \text{kg} & 600\ \text{g} \\ - & 4\ \text{kg} & 800\ \text{g} \\ \hline & \square\ \text{kg} & \square\ \text{g} \end{array}$$

⑭
$$\begin{array}{rrrr} & 7\ \text{kg} & 400\ \text{g} \\ - & 1\ \text{kg} & 750\ \text{g} \\ \hline & \square\ \text{kg} & \square\ \text{g} \end{array}$$

⑮
$$\begin{array}{rrrr} & 7\ \text{kg} & 630\ \text{g} \\ - & 5\ \text{kg} & 920\ \text{g} \\ \hline & \square\ \text{kg} & \square\ \text{g} \end{array}$$

⑯
$$\begin{array}{rrrr} & 8\ \text{kg} & 190\ \text{g} \\ - & 3\ \text{kg} & 210\ \text{g} \\ \hline & \square\ \text{kg} & \square\ \text{g} \end{array}$$

⑰
$$\begin{array}{rrrr} & 8\ \text{kg} & 300\ \text{g} \\ - & 4\ \text{kg} & 780\ \text{g} \\ \hline & \square\ \text{kg} & \square\ \text{g} \end{array}$$

⑱
$$\begin{array}{rrrr} & 9\ \text{kg} & 890\ \text{g} \\ - & 6\ \text{kg} & 930\ \text{g} \\ \hline & \square\ \text{kg} & \square\ \text{g} \end{array}$$

계산해 보세요.

⑲
$$\begin{array}{r} 3\text{ kg}\ \ 700\text{ g} \\ -\ 2\text{ kg}\ \ 150\text{ g} \\ \hline \end{array}$$

⑳
$$\begin{array}{r} 4\text{ kg}\ \ 900\text{ g} \\ -\ 3\text{ kg}\ \ 600\text{ g} \\ \hline \end{array}$$

㉑
$$\begin{array}{r} 6\text{ kg}\ \ 800\text{ g} \\ -\ 4\text{ kg}\ \ 470\text{ g} \\ \hline \end{array}$$

㉒
$$\begin{array}{r} 2\text{ kg}\ \ 300\text{ g} \\ -\ 1\text{ kg}\ \ 400\text{ g} \\ \hline \end{array}$$

㉓
$$\begin{array}{r} 4\text{ kg}\ \ 250\text{ g} \\ -\ 2\text{ kg}\ \ 700\text{ g} \\ \hline \end{array}$$

㉔
$$\begin{array}{r} 4\text{ kg}\ \ 400\text{ g} \\ -\ 1\text{ kg}\ \ 720\text{ g} \\ \hline \end{array}$$

㉕
$$\begin{array}{r} 5\text{ kg}\ \ 350\text{ g} \\ -\ 3\text{ kg}\ \ 650\text{ g} \\ \hline \end{array}$$

㉖
$$\begin{array}{r} 6\text{ kg}\ \ 140\text{ g} \\ -\ 5\text{ kg}\ \ 300\text{ g} \\ \hline \end{array}$$

㉗
$$\begin{array}{r} 7\text{ kg}\ \ 260\text{ g} \\ -\ 4\text{ kg}\ \ 540\text{ g} \\ \hline \end{array}$$

㉘
$$\begin{array}{r} 8\text{ kg}\ \ 100\text{ g} \\ -\ 3\text{ kg}\ \ 480\text{ g} \\ \hline \end{array}$$

㉙
$$\begin{array}{r} 9\text{ kg}\ \ 750\text{ g} \\ -\ 6\text{ kg}\ \ 780\text{ g} \\ \hline \end{array}$$

㉚
$$\begin{array}{r} 11\text{ kg}\ \ 550\text{ g} \\ -\ 7\text{ kg}\ \ 810\text{ g} \\ \hline \end{array}$$

㉛ 2 kg 300 g−1 kg 50 g
=

㉜ 4 kg 400 g−2 kg 300 g
=

㉝ 5 kg 750 g−4 kg 210 g
=

㉞ 3 kg 500 g−2 kg 650 g
=

㉟ 4 kg 360 g−1 kg 870 g
=

36 4 kg 450 g−2 kg 900 g
=

37 5 kg 200 g−3 kg 350 g
=

38 6 kg 570 g−3 kg 800 g
=

39 7 kg 480 g−5 kg 700 g
=

40 8 kg 150 g−4 kg 850 g
=

41 8 kg 610 g−5 kg 920 g
=

42 9 kg−6 kg 80 g
=

43 10 kg 420 g−3 kg 680 g
=

44 12 kg 90 g−8 kg 270 g
=

계산 Plus+

무게의 합과 차

○ 빈칸에 알맞은 무게를 써넣으세요.

1. 2 kg 400 g → (+1 kg 300 g) → [ ]

   2 kg 400 g+1 kg 300 g을 계산해요.

2. 4 kg 350 g → (+4 kg 800 g) → [ ]

3. 5 kg 600 g → (+3 kg 650 g) → [ ]

4. 8 kg 140 g → (+2 kg 920 g) → [ ]

5. 4 kg 700 g → (−2 kg 500 g) → [ ]

   4 kg 700 g−2 kg 500 g을 계산해요.

6. 6 kg 100 g → (−1 kg 350 g) → [ ]

7. 8 kg 270 g → (−5 kg 900 g) → [ ]

8. 9 kg 130 g → (−6 kg 740 g) → [ ]

9
1 kg 800 g
+7 kg 150 g
1 kg 800 g+7 kg 150 g을 계산해요.
10
6 kg 700 g
+3 kg 450 g
11
7 kg 490 g
+2 kg 590 g
12
9 kg 150 g
+1 kg 950 g
13
3 kg 200 g
−2 kg 60 g
3 kg 200 g−2 kg 60 g을 계산해요.
14
5 kg 250 g
−1 kg 700 g
15
7 kg
−3 kg 280 g
16
10 kg 20 g
−7 kg 840 g

선을 따라 내려가 무게가 같도록 □ 안에 알맞은 수를 써넣으세요.

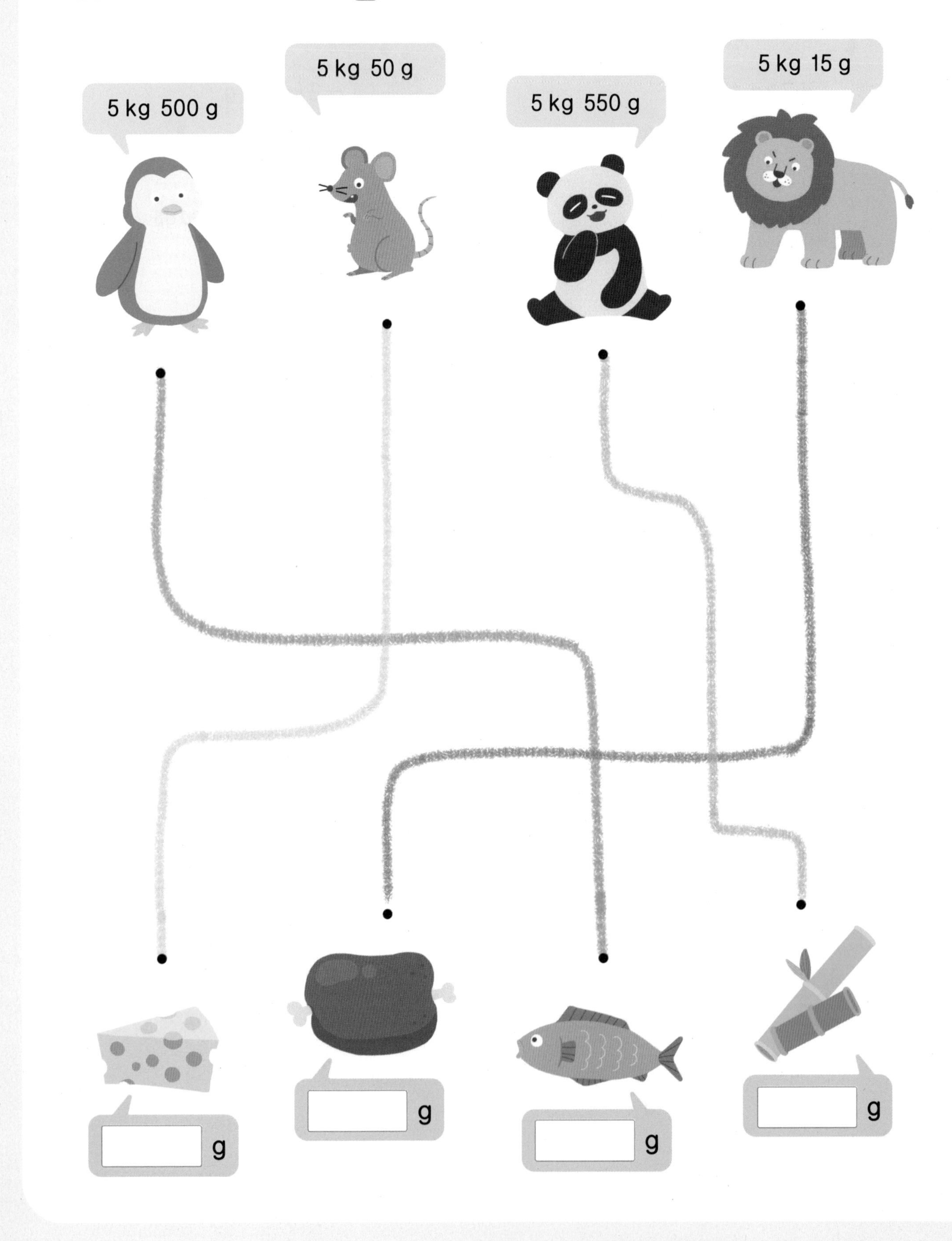

◎ 무게가 다음과 같은 강아지와 토끼가 시소를 타고 있습니다. 시소는 양쪽의 무게가 같으면 한쪽으로 기울지 않고 높이가 같아집니다. 시소의 높이가 같아지도록 토끼에게 줄 선물을 찾아 ○표 하세요.

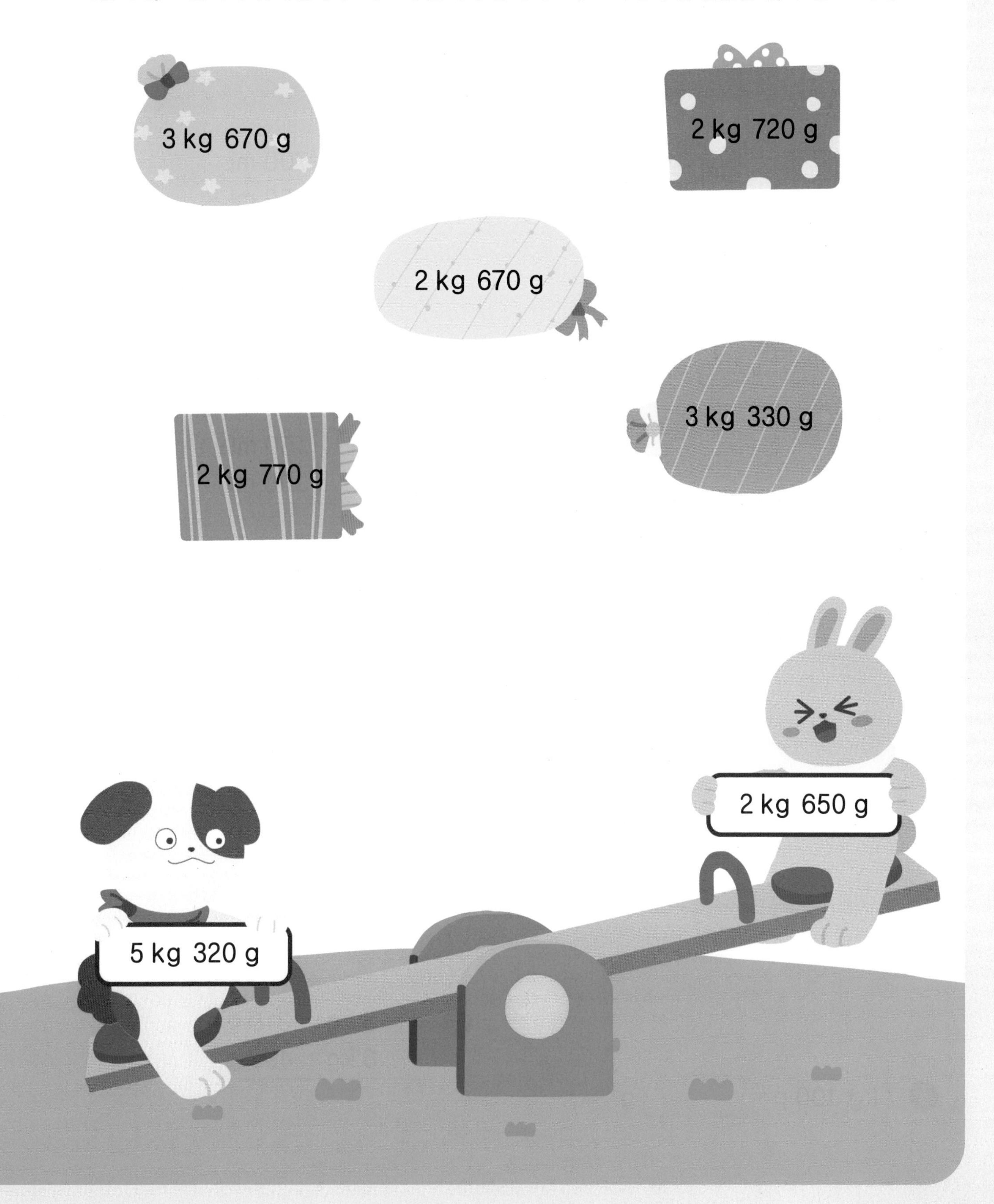

공부한 날짜  월  일

40 들이·무게 단위의 합과 차
평가

○ □ 안에 알맞은 수를 써넣으세요.

❶ 7 L= □ mL

❷ 2400 mL= □ L □ mL

❸ 12 kg= □ g

❹ 63000 g= □ kg

❺ 40000 kg= □ t

❻ 7 kg 100 g= □ g

○ 계산해 보세요.

❼
	3 L	700 mL
+	2 L	650 mL

❽
	4 L	150 mL
−	1 L	300 mL

❾
	5 kg	920 g
+	3 kg	550 g

❿
	8 kg	310 g
−	6 kg	490 g

⑪ 3 L 200 mL+3 L 850 mL
=

⑫ 5 L 900 mL−2 L 750 mL
=

⑬ 7 L 50 mL−4 L 450 mL
=

⑭ 4 kg 600 g+1 kg 700 g
=

⑮ 6 kg 560 g−2 kg 380 g
=

⑯ 9 kg 40 g−3 kg 600 g
=

○ 빈칸에 알맞은 들이나 무게를 써넣으세요.

⑰
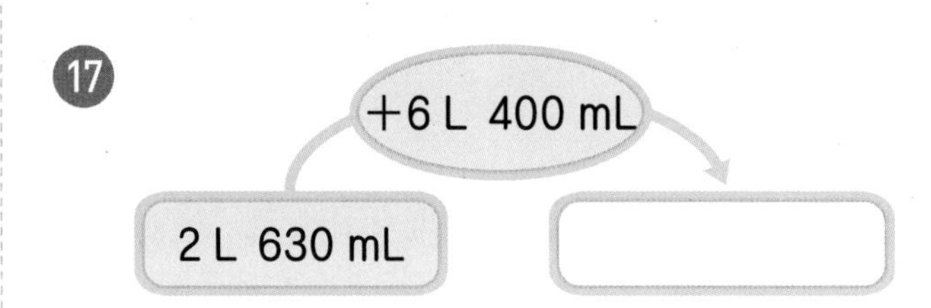

⑱
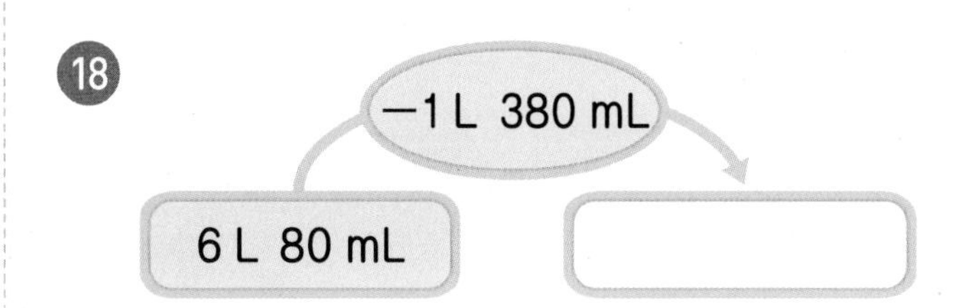

⑲
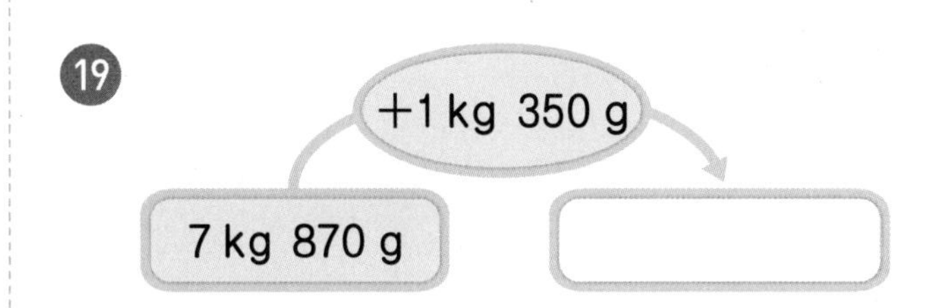

⑳
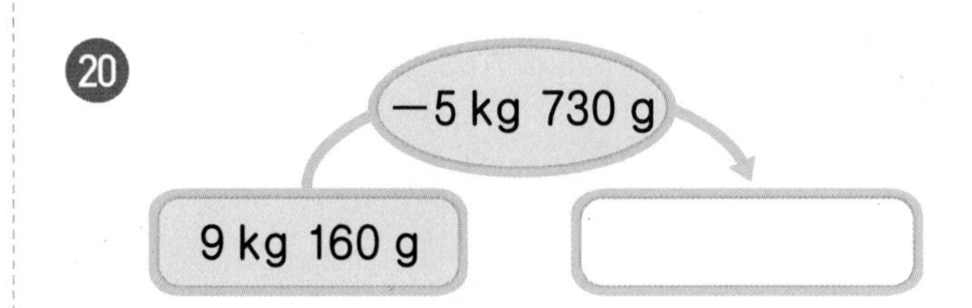

실력평가

내 실력 확인을 위한 실력평가 3회 수록

실력 평가 1회

공부한 날짜 월 일

○ 계산해 보세요. [①~⑳]

① $203 \times 3 =$

② $224 \times 4 =$

③ $167 \times 4 =$

④ $30 \times 90 =$

⑤ $7 \times 54 =$

⑥ $42 \times 21 =$

⑦ $63 \times 13 =$

⑧ $60 \div 6 =$

⑨ $39 \div 3 =$

⑩ $52 \div 8 =$

⑪ $64 \div 4 =$

⑫ $77 \div 5 =$

⑬ $246 \div 2 =$

⑭ $397 \div 4 =$

⑮ 2 L 600 mL+3 L 100 mL
=

⑯ 4 L 750 mL+2 L 800 mL
=

⑰ 5 L 900 mL−1 L 700 mL
=

⑱ 4 kg 400 g+3 kg 260 g
=

⑲ 6 kg 830 g+2 kg 280 g
=

⑳ 8 kg 720 g−5 kg 410 g
=

● □ 안에 알맞은 수를 써넣으세요. [㉑~㉕]

㉑ 15의 $\frac{1}{3}$ ⇨ □

㉒ 21의 $\frac{1}{7}$ ⇨ □

㉓ 36의 $\frac{3}{4}$ ⇨ □

㉔ 45의 $\frac{4}{9}$ ⇨ □

㉕ 54의 $\frac{5}{6}$ ⇨ □

실력 평가 2회

공부한 날짜 월 일

○ 계산해 보세요. [❶~⑳]

❶ $318\times2=$

❷ $519\times3=$

❸ $683\times5=$

❹ $57\times80=$

❺ $62\times11=$

❻ $71\times31=$

❼ $84\times22=$

❽ $48\div4=$

❾ $59\div6=$

❿ $65\div9=$

⓫ $72\div4=$

⓬ $88\div7=$

⓭ $486\div6=$

⓮ $723\div5=$

⑮ 5 L 470 mL+4 L 560 mL
=

⑯ 6 L 820 mL−3 L 410 mL
=

⑰ 11 L 200 mL−7 L 900 mL
=

⑱ 7 kg 950 g+3 kg 150 g
=

⑲ 9 kg 670 g−5 kg 300 g
=

⑳ 12 kg 100 g−7 kg 330 g
=

○ 대분수를 가분수로 나타내어 보세요. [㉑~㉓]

㉑ $2\frac{1}{4}=$

㉒ $4\frac{2}{7}=$

㉓ $3\frac{5}{9}=$

○ 가분수를 대분수로 나타내어 보세요. [㉔~㉕]

㉔ $\frac{18}{11}=$

㉕ $\frac{34}{15}=$

실력 평가 3회

공부한 날짜 월 일

○ 계산해 보세요. [① ~ ⑳]

① $471 \times 2 =$

② $629 \times 3 =$

③ $784 \times 4 =$

④ $956 \times 6 =$

⑤ $82 \times 21 =$

⑥ $88 \times 15 =$

⑦ $94 \times 65 =$

⑧ $55 \div 5 =$

⑨ $64 \div 7 =$

⑩ $78 \div 6 =$

⑪ $89 \div 3 =$

⑫ $95 \div 8 =$

⑬ $627 \div 3 =$

⑭ $935 \div 7 =$

⑮ 8 L 650 mL+8 L 550 mL
=

⑯ 9 L 150 mL−4 L 700 mL
=

⑰ 15 L 300 mL−7 L 350 mL
=

⑱ 8 kg 530 g+7 kg 820 g
=

⑲ 13 kg 700 g−6 kg 850 g
=

⑳ 17 kg 650 g−9 kg 900 g
=

○ 분수의 크기를 비교하여 ◯ 안에 >, =, < 를 알맞게 써넣으세요. [㉑~㉕]

㉑ $\frac{11}{6}$ ◯ $\frac{7}{6}$

㉒ $7\frac{15}{22}$ ◯ $7\frac{13}{22}$

㉓ $\frac{13}{6}$ ◯ $2\frac{5}{6}$

㉔ $1\frac{6}{13}$ ◯ $\frac{19}{13}$

㉕ $\frac{41}{17}$ ◯ $2\frac{5}{17}$

memo

정답

계산

초등 수학

3B

3학년

책 속의 가접 별책 (특허 제 0557442호)

'정답'은 본책에서 쉽게 분리할 수 있도록 제작되었으므로 유통 과정에서 분리될 수 있으나 파본이 아닌 정상 제품입니다.

우리는 남다른 상상과 혁신으로
교육 문화의 새로운 전형을 만들어
모든 이의 행복한 경험과 성장에 기여한다

완자

공부력

초등 수학 계산 3B

정답

완자 공부력 가이드

완자 공부력 시리즈는 앞으로도 계속 출간될 예정입니다.

완자 공부력 시리즈로 공부 근육을 키워요!

매일 성장하는
초등 자기개발서
완자
공부력

학습의 기초가 되는 읽기, 쓰기, 셈하기와 관련된 공부력을 키워야 여러 교과를 터득하기 쉬워집니다. 또한 어휘력과 독해력, 쓰기력, 계산력을 바탕으로 한 '공부력'은 자기주도 학습으로 상당한 단계까지 올라갈 수 있는 밑바탕이 되어 줍니다. 그래서 매일 꾸준한 학습이 가능한 '**완자 공부력 시리즈**'로 공부하면 **자기주도학습이 가능한 튼튼한 공부 근육**을 키울 수 있을 것이라 확신합니다.

효과적인 공부력 강화 계획을 세워요!

학년별 공부 계획

내 학년에 맞게 꾸준하게 공부 계획을 세워요!

		1-2학년	3-4학년	5-6학년
기본	독해	국어 독해 1A 1B 2A 2B	국어 독해 3A 3B 4A 4B	국어 독해 5A 5B 6A 6B
	계산	수학 계산 1A 1B 2A 2B	수학 계산 3A 3B 4A 4B	수학 계산 5A 5B 6A 6B
	어휘	전과목 어휘 1A 1B 2A 2B	전과목 어휘 3A 3B 4A 4B	전과목 어휘 5A 5B 6A 6B
		파닉스 1 2	영단어 3A 3B 4A 4B	영단어 5A 5B 6A 6B
확장	어휘	전과목 한자 어휘 1A 1B 2A 2B	전과목 한자 어휘 3A 3B 4A 4B	전과목 한자 어휘 5A 5B 6A 6B
	쓰기	맞춤법 바로 쓰기 1A 1B 2A 2B		
	독해		한국사 독해 인물편 1 2 3 4	
			한국사 독해 시대편 1 2 3 4	

시기별 공부 계획

학기 중에는 **기본**, 방학 중에는 **기본 + 확장**으로 공부 계획을 세워요!

방학 중			
학기 중			
기본			확장
독해	계산	어휘	어휘, 쓰기, 독해
국어 독해	수학 계산	전과목 어휘	전과목 한자 어휘
		파닉스(1~2학년) 영단어(3~6학년)	맞춤법 바로 쓰기(1~2학년) 한국사 독해(3~6학년)

예시 초1 학기 중 공부 계획표 주 5일 하루 3과목 (45분)

월	화	수	목	금
국어 독해	국어 독해	국어 독해	국어 독해	국어 독해
수학 계산	수학 계산	수학 계산	수학 계산	수학 계산
전과목 어휘	파닉스	전과목 어휘	전과목 어휘	파닉스

예시 초4 방학 중 공부 계획표 주 5일 하루 4과목 (60분)

월	화	수	목	금
국어 독해	국어 독해	국어 독해	국어 독해	국어 독해
수학 계산	수학 계산	수학 계산	수학 계산	수학 계산
전과목 어휘	영단어	전과목 어휘	전과목 어휘	영단어
한국사 독해 인물편	전과목 한자 어휘	한국사 독해 인물편	전과목 한자 어휘	한국사 독해 인물편

1 곱셈

01 올림이 없는 (세 자리 수)×(한 자리 수)

10쪽

❶ 404	❹ 606	❼ 936
❷ 333	❺ 639	❽ 840
❸ 224	❻ 903	❾ 862

11쪽

⑩ 909	⑯ 488	㉒ 464
⑪ 208	⑰ 399	㉓ 604
⑫ 770	⑱ 406	㉔ 930
⑬ 888	⑲ 848	㉕ 993
⑭ 448	⑳ 426	㉖ 806
⑮ 339	㉑ 663	㉗ 822

12쪽

㉘ 550	㉝ 690	㊳ 684
㉙ 369	㉞ 622	㊴ 802
㉚ 260	㉟ 960	㊵ 828
㉛ 268	㊱ 969	㊶ 866
㉜ 282	㊲ 666	㊷ 886

13쪽

㊸ 707	㊿ 246	57 626
㊹ 306	51 420	58 640
㊺ 660	52 844	59 996
㊻ 555	53 669	60 688
㊼ 480	54 699	61 804
㊽ 484	55 484	62 808
㊾ 366	56 906	63 888

02 올림이 한 번 있는 (세 자리 수)×(한 자리 수)

14쪽

❶ 590	❹ 644	❼ 1280
❷ 452	❺ 816	❽ 1060
❸ 694	❻ 984	❾ 2139

15쪽

⑩ 856	⑯ 906	㉒ 2709
⑪ 696	⑰ 720	㉓ 1269
⑫ 274	⑱ 759	㉔ 1028
⑬ 812	⑲ 704	㉕ 1890
⑭ 650	⑳ 768	㉖ 1426
⑮ 870	㉑ 946	㉗ 3204

16쪽

28 210
29 798
30 690
31 852
32 872

33 528
34 753
35 504
36 789
37 906

38 1064
39 5499
40 2160
41 2439
42 3608

17쪽

43 642
44 896
45 585
46 387
47 438
48 945
49 852

50 987
51 456
52 684
53 388
54 928
55 748
56 920

57 1206
58 1284
59 1000
60 1226
61 4977
62 3280
63 4500

03 올림이 2번 있는 (세 자리 수)×(한 자리 수)

18쪽

1 740
2 748
3 730

4 1491
5 2416
6 1287

7 1105
8 1528
9 1479

19쪽

10 984
11 938
12 676
13 762
14 774
15 950

16 1290
17 2121
18 1572
19 1270
20 6372
21 2775

22 2160
23 1255
24 1484
25 2580
26 2253
27 3328

20쪽

28 896
29 680
30 882
31 784
32 831

33 1040
34 1498
35 1296
36 1584
37 2892

38 2247
39 2820
40 5040
41 1322
42 6888

21쪽

43 500
44 895
45 776
46 771
47 552
48 778
49 934

50 2156
51 1664
52 3054
53 1274
54 4884
55 2715
56 1890

57 1500
58 1488
59 2150
60 5139
61 5397
62 1580
63 7479

04 올림이 여러 번 있는 (세 자리 수)×(한 자리 수)

22쪽

① 1125
② 1784
③ 1125
④ 2988
⑤ 2394
⑥ 2562
⑦ 3138
⑧ 4992
⑨ 3660

23쪽

⑩ 1141
⑪ 1656
⑫ 1880
⑬ 1698
⑭ 1725
⑮ 2190
⑯ 3416
⑰ 2592
⑱ 3689
⑲ 1156
⑳ 4368
㉑ 3410
㉒ 6417
㉓ 3024
㉔ 5028
㉕ 2535
㉖ 6475
㉗ 1916

24쪽

㉘ 1791
㉙ 1285
㉚ 1060
㉛ 1740
㉜ 2142
㉝ 1504
㉞ 2926
㉟ 3512
㊱ 3661
㊲ 1116
㊳ 3175
㊴ 6444
㊵ 2262
㊶ 5010
㊷ 4615

25쪽

㊸ 1296
㊹ 1141
㊺ 1365
㊻ 1424
㊼ 2334
㊽ 3052
㊾ 1482
㊿ 1614
51 3934
52 1172
53 3135
54 5778
55 4571
56 4524
57 3140
58 1592
59 5873
60 4315
61 5364
62 1972
63 8991

05 계산 Plus+ (세 자리 수)×(한 자리 수)

26쪽

① 336
② 820
③ 618
④ 788
⑤ 762
⑥ 2368
⑦ 1167
⑧ 3210

27쪽

⑨ 624
⑩ 868
⑪ 688
⑫ 2169
⑬ 3549
⑭ 5646
⑮ 3258
⑯ 6600

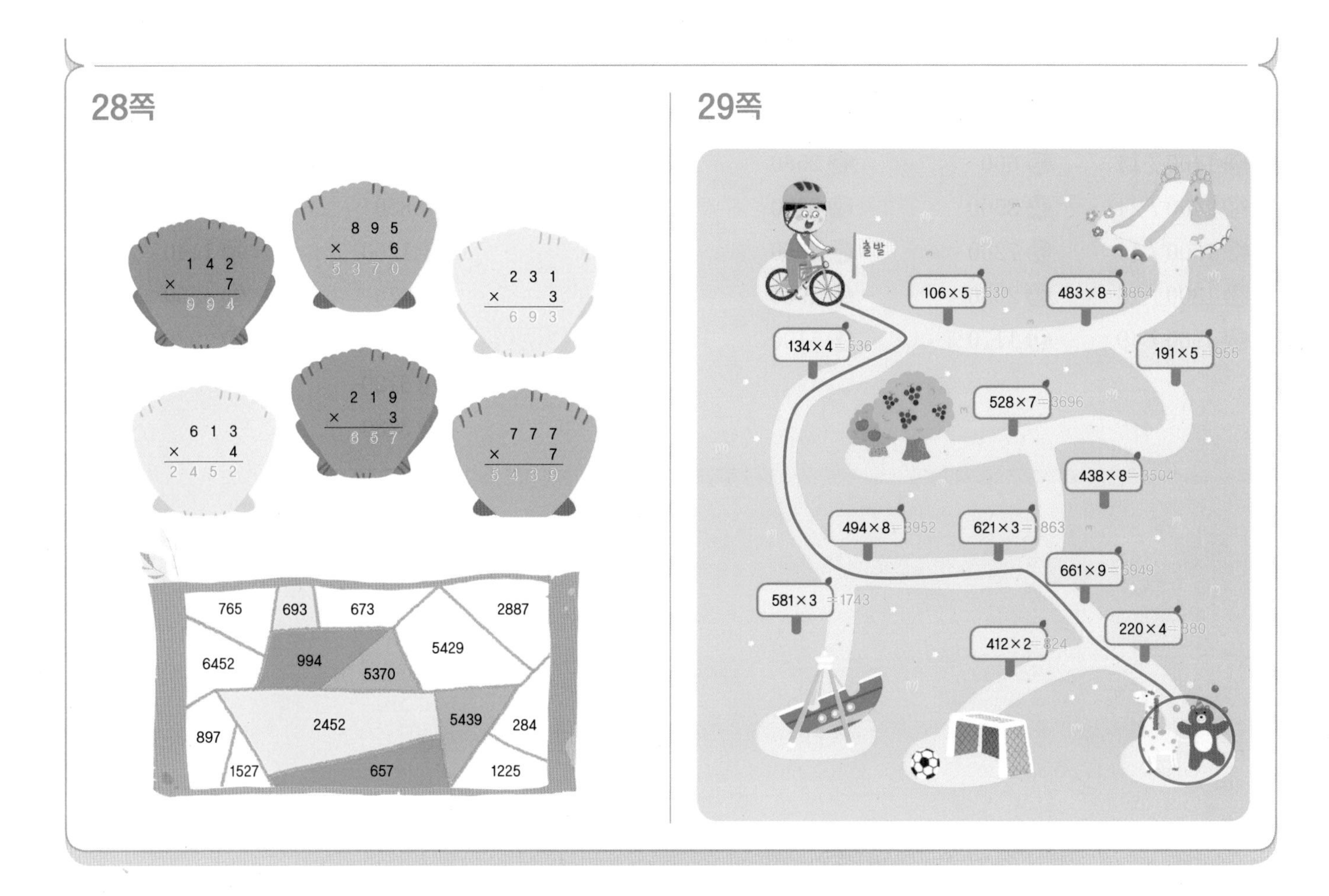

06 (몇십)×(몇십), (몇십몇)×(몇십)

30쪽

❶ 300	❹ 800	❼ 1950
❷ 400	❺ 3000	❽ 3440
❸ 1500	❻ 280	❾ 3120

31쪽

❿ 1600	⓰ 2400	㉒ 3420
⓫ 1800	⓱ 5400	㉓ 2480
⓬ 2000	⓲ 840	㉔ 2220
⓭ 2500	⓳ 1300	㉕ 4050
⓮ 4200	⓴ 1480	㉖ 1720
⓯ 2800	㉑ 860	㉗ 4700

32쪽

❗ 정답을 위에서부터 확인합니다.

㉘ 1400 / 14
㉙ 2400 / 24
㉚ 1600 / 16
㉛ 1800 / 18
㉜ 4900 / 49
㉝ 600
㉞ 3500
㉟ 7200
㊱ 2080
㊲ 1170
㊳ 2580
㊴ 3920
㊵ 3050
㊶ 2960
㊷ 5100

33쪽

㊸ 1000
㊹ 2100
㊺ 1200
㊻ 1000
㊼ 2400
㊽ 2100
㊾ 4000
㊿ 3600
51 850
52 1260
53 870
54 1320
55 3120
56 3780
57 2820
58 1560
59 1140
60 4550
61 2920
62 2610
63 4600

07 (몇)×(몇십몇)

34쪽

① 82
② 162
③ 228
④ 48
⑤ 115
⑥ 210
⑦ 175
⑧ 256
⑨ 648

35쪽

⑩ 30
⑪ 72
⑫ 116
⑬ 81
⑭ 189
⑮ 220
⑯ 248
⑰ 70
⑱ 185
⑲ 108
⑳ 516
㉑ 126
㉒ 252
㉓ 441
㉔ 208
㉕ 488
㉖ 135
㉗ 243

36쪽

㉘ 64
㉙ 102
㉚ 78
㉛ 126
㉜ 108
㉝ 140
㉞ 336
㉟ 95
㊱ 325
㊲ 252
㊳ 456
㊴ 364
㊵ 376
㊶ 252
㊷ 495

37쪽

㊸ 96
㊹ 126
㊺ 48
㊻ 147
㊼ 183
㊽ 128
㊾ 236
㊿ 296
51 135
52 190
53 265
54 126
55 192
56 270
57 238
58 525
59 567
60 232
61 504
62 423
63 558

08 올림이 없는 (몇십몇) X (몇십몇)

38쪽

① 372 ② 198 ③ 294 ④ 352 ⑤ 495 ⑥ 704

39쪽

⑦ 154 ⑧ 144 ⑨ 252 ⑩ 169 ⑪ 308 ⑫ 483 ⑬ 264 ⑭ 651 ⑮ 992 ⑯ 396 ⑰ 504 ⑱ 924 ⑲ 583 ⑳ 671 ㉑ 792

40쪽

㉒ 143 ㉓ 408 ㉔ 252 ㉕ 484 ㉖ 372 ㉗ 416 ㉘ 462 ㉙ 484 ㉚ 561 ㉛ 693 ㉜ 737 ㉝ 781

41쪽

㉞ 132 ㉟ 187 ㊱ 156 ㊲ 288 ㊳ 286 ㊴ 154 ㊵ 165 ㊶ 209 ㊷ 273 ㊸ 276 ㊹ 504 ㊺ 286 ㊻ 297 ㊼ 403 ㊽ 726 ㊾ 714 ㊿ 407 51 429 52 516 53 968 54 594

09 올림이 한 번 있는 (몇십몇) X (몇십몇)

42쪽

① 216 ② 987 ③ 966 ④ 676 ⑤ 976 ⑥ 1554

43쪽

⑦ 238 ⑧ 180 ⑨ 234 ⑩ 336 ⑪ 966 ⑫ 434 ⑬ 420 ⑭ 552 ⑮ 663 ⑯ 1281 ⑰ 768 ⑱ 1008 ⑲ 2542 ⑳ 1008 ㉑ 1547

44쪽

㉒ 180 ㉓ 496 ㉔ 1722 ㉕ 312 ㉖ 2232 ㉗ 768 ㉘ 2091 ㉙ 915 ㉚ 868 ㉛ 936 ㉜ 7371 ㉝ 1104

45쪽

㉞ 364 ㉟ 697 ㊱ 300 ㊲ 338 ㊳ 1643 ㊴ 1376 ㊵ 2952 ㊶ 1008 ㊷ 540 ㊸ 816 ㊹ 636 ㊺ 1891 ㊻ 806 ㊼ 756 ㊽ 1207 ㊾ 1533 ㊿ 5751 51 3362 52 1079 53 1911 54 1128

10 올림이 여러 번 있는 (몇십몇)×(몇십몇)

46쪽

① 1008
② 1311
③ 2015
④ 3108
⑤ 3484
⑥ 1586

47쪽

⑦ 1343
⑧ 1482
⑨ 2175
⑩ 2112
⑪ 1190
⑫ 3444
⑬ 2928
⑭ 1431
⑮ 2916
⑯ 2961
⑰ 4968
⑱ 6142
⑲ 1494
⑳ 2275
㉑ 2668

48쪽

㉒ 1044
㉓ 1003
㉔ 1656
㉕ 2314
㉖ 1666
㉗ 2592
㉘ 2145
㉙ 1232
㉚ 5673
㉛ 1241
㉜ 3975
㉝ 3485

49쪽

㉞ 1674
㉟ 1659
㊱ 1081
㊲ 1064
㊳ 2449
㊴ 1260
㊵ 1596
㊶ 1890
㊷ 2961
㊸ 4182
㊹ 2392
㊺ 1881
㊻ 2108
㊼ 1755
㊽ 2898
㊾ 4608
㊿ 3796
51 3772
52 8342
53 3255
54 1552

11 계산 Plus+ (몇십몇)×(몇십몇)

50쪽

① 1200
② 420
③ 60
④ 253
⑤ 1312
⑥ 867
⑦ 1739
⑧ 6111

51쪽

⑨ 4500
⑩ 1500
⑪ 207
⑫ 371
⑬ 492
⑭ 715
⑮ 527
⑯ 854
⑰ 1728
⑱ 1035
⑲ 5226
⑳ 2349

52쪽

37 40 12 444
65 82 74 6068
90 6300 70 63
45 3240 32 72

53쪽

12 곱셈 평가

54쪽

❶ 428
❷ 878
❸ 525
❹ 3820
❺ 5772
❻ 6300
❼ 584
❽ 992
❾ 559
❿ 2622

55쪽

⓫ 891
⓬ 2372
⓭ 4640
⓮ 603
⓯ 744
⓰ 4368
⓱ 7288
⓲ 2429
⓳ 996
⓴ 3588

13 (몇십)÷(몇)

58쪽

❶ 20 ❷ 25 ❸ 20 ❹ 35 ❺ 20 ❻ 15

59쪽

❼ 10 ❽ 10 ❾ 10 ❿ 30 ⓫ 40
⓬ 10 ⓭ 30 ⓮ 10 ⓯ 15 ⓰ 15
⓱ 12 ⓲ 14 ⓳ 16 ⓴ 45 (21) 18

60쪽

❗정답을 위에서부터 확인합니다.

(22) 10 / 1 (23) 20 / 2 (24) 20 / 2 (25) 20 / 2 (26) 30 / 3
(27) 25 (28) 15 (29) 12
(30) 35 (31) 14 (32) 18

61쪽

(33) 10 (34) 10 (35) 10 (36) 10 (37) 30 (38) 20 (39) 10
(40) 10 (41) 40 (42) 20 (43) 10 (44) 30 (45) 10 (46) 15
(47) 25 (48) 15 (49) 12 (50) 14 (51) 16 (52) 45 (53) 15

14 내림이 없는 (몇십몇)÷(몇)

62쪽

❶ 12 ❷ 13 ❸ 21 ❹ 11 ❺ 33 ❻ 22

63쪽

❼ 11 ❽ 13 ❾ 11 ❿ 12 ⓫ 24
⓬ 12 ⓭ 21 ⓮ 32 ⓯ 23 ⓰ 41
⓱ 42 ⓲ 44 ⓳ 11 ⓴ 31 (21) 33

64쪽

(22) 14 (23) 12 (24) 12
(25) 31 (26) 22 (27) 34
(28) 43 (29) 22 (30) 33

65쪽

(31) 11 (32) 13 (33) 11 (34) 13 (35) 21 (36) 22 (37) 11
(38) 23 (39) 24 (40) 11 (41) 21 (42) 32 (43) 33 (44) 23
(45) 11 (46) 41 (47) 21 (48) 44 (49) 31 (50) 32 (51) 11

15 내림이 없고 나머지가 있는 (몇십몇)÷(몇)

66쪽

① 2 ⋯ 3
② 14 ⋯ 1
③ 8 ⋯ 2
④ 11 ⋯ 2
⑤ 7 ⋯ 6
⑥ 21 ⋯ 3

67쪽

⑦ 5 ⋯ 2
⑧ 4 ⋯ 2
⑨ 5 ⋯ 3
⑩ 6 ⋯ 2
⑪ 4 ⋯ 3
⑫ 7 ⋯ 2
⑬ 6 ⋯ 1
⑭ 6 ⋯ 2
⑮ 9 ⋯ 5
⑯ 6 ⋯ 7
⑰ 10 ⋯ 3
⑱ 11 ⋯ 3
⑲ 11 ⋯ 2
⑳ 44 ⋯ 1
㉑ 30 ⋯ 2

68쪽

㉒ 3 ⋯ 3
㉓ 4 ⋯ 4
㉔ 5 ⋯ 2
㉕ 7 ⋯ 1
㉖ 7 ⋯ 7
㉗ 9 ⋯ 4
㉘ 11 ⋯ 1
㉙ 21 ⋯ 2
㉚ 32 ⋯ 1

69쪽

㉛ 4 ⋯ 2
㉜ 4 ⋯ 3
㉝ 3 ⋯ 2
㉞ 4 ⋯ 5
㉟ 7 ⋯ 3
㊱ 7 ⋯ 1
㊲ 5 ⋯ 4
㊳ 5 ⋯ 1
㊴ 9 ⋯ 2
㊵ 7 ⋯ 3
㊶ 8 ⋯ 1
㊷ 7 ⋯ 8
㊸ 9 ⋯ 6
㊹ 9 ⋯ 7
㊺ 10 ⋯ 3
㊻ 11 ⋯ 2
㊼ 32 ⋯ 1
㊽ 10 ⋯ 2
㊾ 20 ⋯ 3
㊿ 31 ⋯ 2
51 10 ⋯ 8

16 계산 Plus+ (몇십)÷(몇), 내림이 없는 (몇십몇)÷(몇)

70쪽

① 15
② 10
③ 10
④ 14
⑤ 12
⑥ 31
⑦ 22
⑧ 32

71쪽

⑨ 2 ⋯ 2
⑩ 8 ⋯ 1
⑪ 4 ⋯ 5
⑫ 7 ⋯ 2
⑬ 7 ⋯ 1
⑭ 5 ⋯ 4
⑮ 10 ⋯ 3
⑯ 8 ⋯ 4
⑰ 8 ⋯ 7
⑱ 10 ⋯ 5
⑲ 10 ⋯ 3
⑳ 10 ⋯ 7

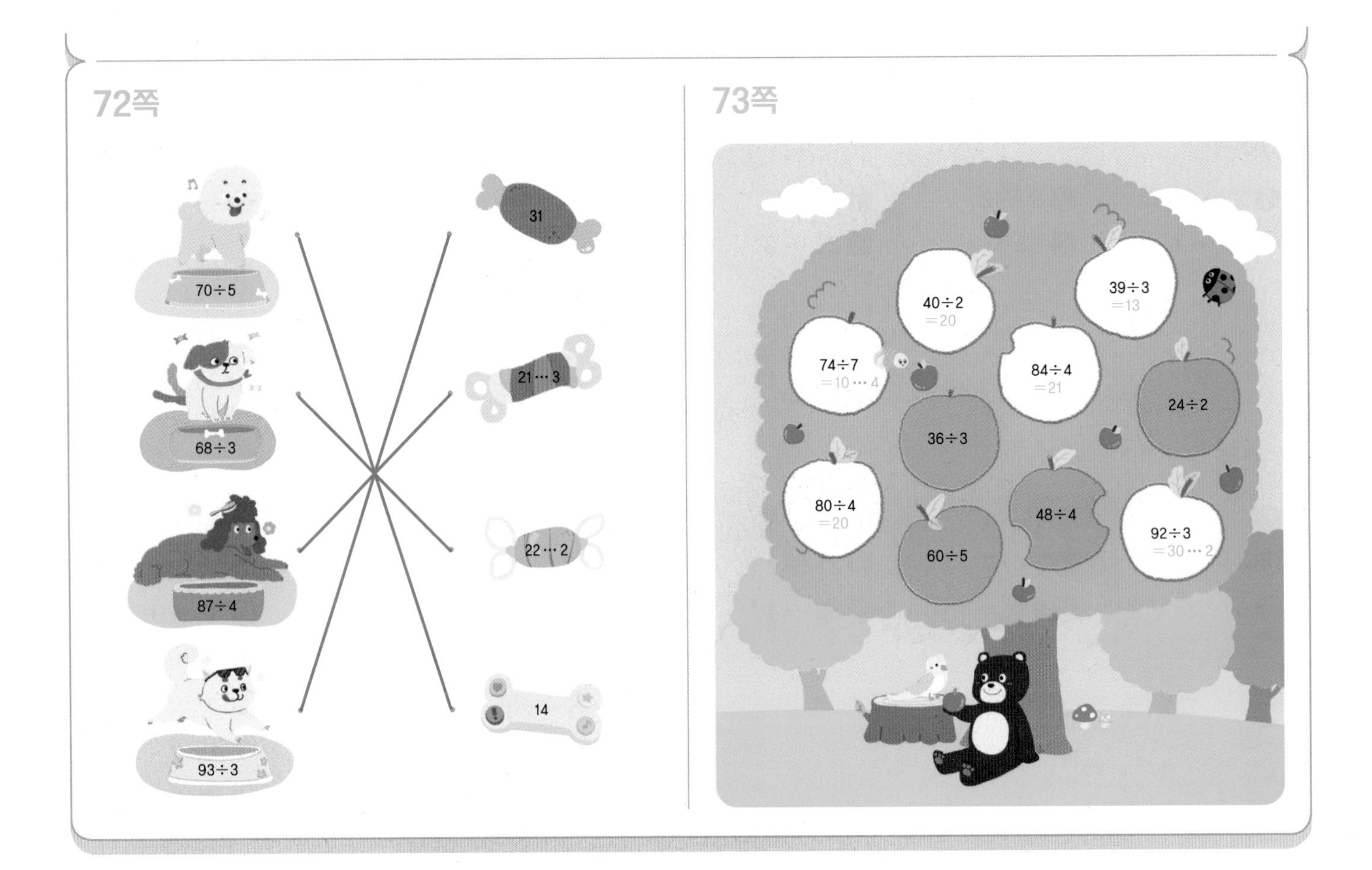

17 내림이 있는 (몇십몇)÷(몇)

74쪽

❶ 17
❷ 14
❸ 17
❹ 38
❺ 27
❻ 16

75쪽

❼ 19
❽ 15
❾ 26
❿ 19
⓫ 13
⓬ 37
⓭ 15
⓮ 19
⓯ 13
⓰ 12
⓱ 29
⓲ 13
⓳ 46
⓴ 12
㉑ 49

76쪽

㉒ 18
㉓ 14
㉔ 28
㉕ 16
㉖ 26
㉗ 17
㉘ 47
㉙ 19
㉚ 24

77쪽

㉛ 16
㉜ 19
㉝ 16
㉞ 13
㉟ 27
㊱ 19
㊲ 29
㊳ 13
㊴ 17
㊵ 36
㊶ 12
㊷ 25
㊸ 38
㊹ 39
㊺ 13
㊻ 28
㊼ 12
㊽ 23
㊾ 48
㊿ 12
51 14

18 내림이 있고 나머지가 있는 (몇십몇)÷(몇)

78쪽

① 18 ⋯ 1
② 13 ⋯ 2
③ 12 ⋯ 2
④ 12 ⋯ 4
⑤ 18 ⋯ 1
⑥ 14 ⋯ 5

79쪽

⑦ 15 ⋯ 1
⑧ 19 ⋯ 1
⑨ 14 ⋯ 2
⑩ 12 ⋯ 3
⑪ 19 ⋯ 1
⑫ 15 ⋯ 2
⑬ 13 ⋯ 1
⑭ 17 ⋯ 1
⑮ 23 ⋯ 1
⑯ 17 ⋯ 3
⑰ 15 ⋯ 3
⑱ 26 ⋯ 2
⑲ 16 ⋯ 3
⑳ 13 ⋯ 2
㉑ 11 ⋯ 7

80쪽

㉒ 17 ⋯ 1
㉓ 15 ⋯ 2
㉔ 13 ⋯ 3
㉕ 15 ⋯ 3
㉖ 23 ⋯ 2
㉗ 12 ⋯ 1
㉘ 27 ⋯ 2
㉙ 14 ⋯ 4
㉚ 13 ⋯ 4

81쪽

㉛ 16 ⋯ 1
㉜ 13 ⋯ 1
㉝ 16 ⋯ 1
㉞ 28 ⋯ 1
㉟ 14 ⋯ 3
㊱ 16 ⋯ 1
㊲ 13 ⋯ 2
㊳ 14 ⋯ 2
㊴ 24 ⋯ 1
㊵ 14 ⋯ 4
㊶ 19 ⋯ 1
㊷ 13 ⋯ 4
㊸ 28 ⋯ 1
㊹ 12 ⋯ 2
㊺ 17 ⋯ 3
㊻ 22 ⋯ 3
㊼ 13 ⋯ 3
㊽ 18 ⋯ 4
㊾ 15 ⋯ 5
㊿ 48 ⋯ 1
51 12 ⋯ 2

19 계산 Plus+ 내림이 있는 (몇십몇)÷(몇)

82쪽

① 17
② 13
③ 18
④ 18
⑤ 15
⑥ 28
⑦ 17
⑧ 49

83쪽

⑨ 18 … 1
⑩ 14 … 1
⑪ 14 … 2
⑫ 19 … 2
⑬ 12 … 1
⑭ 12 … 4
⑮ 11 … 5
⑯ 14 … 3
⑰ 19 … 3
⑱ 11 … 5
⑲ 14 … 5
⑳ 22 … 2

84쪽

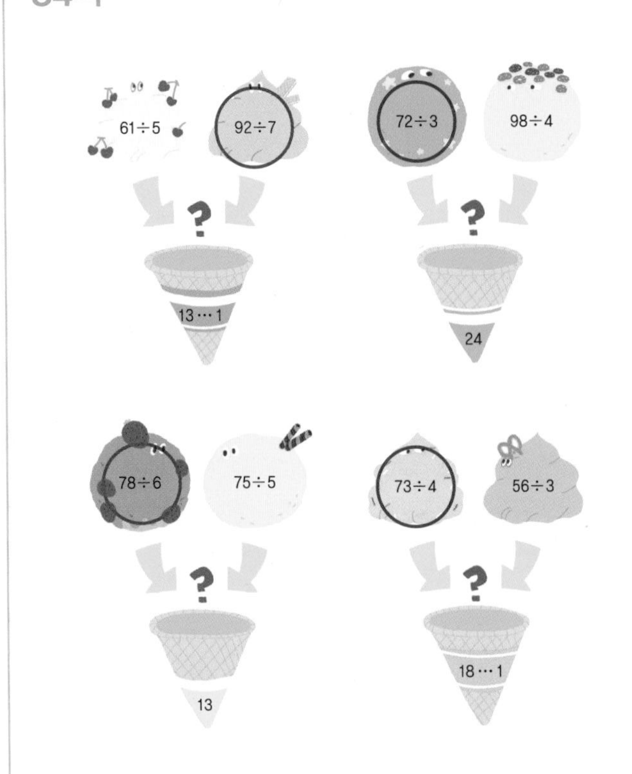

85쪽

20 나머지가 없는 (세 자리 수)÷(한 자리 수)

86쪽

① 100
② 89
③ 80
④ 130
⑤ 60
⑥ 103

87쪽

⑦ 160
⑧ 125
⑨ 208
⑩ 247
⑪ 165
⑫ 280
⑬ 310
⑭ 79
⑮ 36
⑯ 74
⑰ 57
⑱ 54
⑲ 98
⑳ 72
㉑ 91

88쪽

㉒ 31
㉓ 36
㉔ 157
㉕ 68
㉖ 180
㉗ 121
㉘ 91
㉙ 95
㉚ 112

89쪽

㉛ 143
㉜ 123
㉝ 105
㉞ 168
㉟ 132
㊱ 114
㊲ 350
㊳ 127
㊴ 118
㊵ 101
㊶ 123
㊷ 56
㊸ 33
㊹ 56
㊺ 68
㊻ 43
㊼ 66
㊽ 91
㊾ 75
㊿ 72
51 91

21 나머지가 있는 (세 자리 수)÷(한 자리 수)

90쪽

① 101 ⋯ 2
② 101 ⋯ 3
③ 104 ⋯ 3
④ 78 ⋯ 1
⑤ 36 ⋯ 3
⑥ 57 ⋯ 1

91쪽

⑦ 162 ⋯ 2
⑧ 100 ⋯ 3
⑨ 161 ⋯ 2
⑩ 116 ⋯ 4
⑪ 117 ⋯ 1
⑫ 279 ⋯ 2
⑬ 246 ⋯ 1
⑭ 44 ⋯ 3
⑮ 54 ⋯ 1
⑯ 72 ⋯ 3
⑰ 86 ⋯ 2
⑱ 61 ⋯ 3
⑲ 75 ⋯ 4
⑳ 84 ⋯ 5
㉑ 96 ⋯ 3

92쪽

㉒ 17 ⋯ 6
㉓ 53 ⋯ 5
㉔ 131 ⋯ 2
㉕ 85 ⋯ 1
㉖ 97 ⋯ 1
㉗ 178 ⋯ 2
㉘ 62 ⋯ 2
㉙ 79 ⋯ 2
㉚ 124 ⋯ 5

93쪽

㉛ 116 ⋯ 2
㉜ 120 ⋯ 3
㉝ 273 ⋯ 1
㉞ 152 ⋯ 1
㉟ 136 ⋯ 3
㊱ 178 ⋯ 2
㊲ 243 ⋯ 2
㊳ 126 ⋯ 4
㊴ 138 ⋯ 2
㊵ 109 ⋯ 7
㊶ 130 ⋯ 6
㊷ 41 ⋯ 2
㊸ 28 ⋯ 4
㊹ 28 ⋯ 7
㊺ 46 ⋯ 5
㊻ 48 ⋯ 5
㊼ 42 ⋯ 6
㊽ 44 ⋯ 4
㊾ 60 ⋯ 3
㊿ 80 ⋯ 7
51 82 ⋯ 5

22 계산이 맞는지 확인하기

94쪽

❶ 8 ⋯ 1 / 8, 16, 16, 1

❷ 9 ⋯ 3 / 9, 36, 36, 3

❸ 11 ⋯ 4 / 11, 66, 66, 4

❹ 98 ⋯ 5 / 98, 882, 882, 5

95쪽

❺ 8 ⋯ 1 / 3, 8, 24, 24, 1, 25

❻ 10 ⋯ 2 / 4, 10, 40, 40, 2, 42

❼ 6 ⋯ 5 / 9, 6, 54, 54, 5, 59

❽ 9 ⋯ 5 / 7, 9, 63, 63, 5, 68

❾ 18 ⋯ 3 / 4, 18, 72, 72, 3, 75

❿ 26 ⋯ 3 / 4, 26, 104, 104, 3, 107

⓫ 68 ⋯ 1 / 3, 68, 204, 204, 1, 205

⓬ 52 ⋯ 2 / 8, 52, 416, 416, 2, 418

⓭ 55 ⋯ 5 / 9, 55, 495, 495, 5, 500

⓮ 125 ⋯ 1 / 7, 125, 875, 875, 1, 876

96쪽

⓯ 3 ⋯ 2 / $6\times3=18$, $18+2=20$

⓰ 15 ⋯ 2 / $3\times15=45$, $45+2=47$

⓱ 19 ⋯ 2 / $4\times19=76$, $76+2=78$

⓲ 14 ⋯ 1 / $6\times14=84$, $84+1=85$

⓳ 12 ⋯ 3 / $8\times12=96$, $96+3=99$

⓴ 68 ⋯ 2 / $4\times68=272$, $272+2=274$

㉑ 115 ⋯ 2 / $5\times115=575$, $575+2=577$

㉒ 144 ⋯ 5 / $6\times144=864$, $864+5=869$

97쪽

㉓ 4 ⋯ 4 / $5\times4=20$, $20+4=24$

㉔ 6 ⋯ 2 / $6\times6=36$, $36+2=38$

㉕ 4 ⋯ 5 / $9\times4=36$, $36+5=41$

㉖ 9 ⋯ 2 / $7\times9=63$, $63+2=65$

㉗ 21 ⋯ 3 / $4\times21=84$, $84+3=87$

㉘ 117 ⋯ 1 / $4\times117=468$, $468+1=469$

㉙ 187 ⋯ 2 / $3\times187=561$, $561+2=563$

㉚ 197 ⋯ 1 / $5\times197=985$, $985+1=986$

23 어떤 수 구하기

98쪽

❶ 15, 15
❷ 11, 11
❸ 30, 30
❹ 56, 56
❺ 39, 39
❻ 34, 34

99쪽

❼ 19, 19
❽ 12, 12
❾ 17, 17
❿ 23, 23
⓫ 12, 12
⓬ 45, 45
⓭ 174, 174
⓮ 65, 65
⓯ 204, 204
⓰ 214, 214

100쪽

⓱ 23
⓲ 11
⓳ 12
⓴ 29
㉑ 30
㉒ 13
㉓ 16
㉔ 54
㉕ 75
㉖ 88
㉗ 95
㉘ 247

101쪽

㉙ 14
㉚ 17
㉛ 14
㉜ 13
㉝ 16
㉞ 13
㉟ 11
㊱ 21
㊲ 32
㊳ 122
㊴ 69
㊵ 82

24 계산 Plus+ (세 자리 수)÷(한 자리 수)

102쪽

❶ 43
❷ 135
❸ 209
❹ 56
❺ 104
❻ 98
❼ 190
❽ 171

103쪽

❾ 5 ⋯ 3
/ $5\times5=25$,
$25+3=28$

❿ 13 ⋯ 2
/ $3\times13=39$,
$39+2=41$

⓫ 11 ⋯ 1
/ $6\times11=66$,
$66+1=67$

⓬ 15 ⋯ 4
/ $5\times15=75$,
$75+4=79$

⓭ 34 ⋯ 2
/ $3\times34=102$,
$102+2=104$

⓮ 122 ⋯ 2
/ $3\times122=366$,
$366+2=368$

⓯ 52 ⋯ 4
/ $8\times52=416$,
$416+4=420$

⓰ 92 ⋯ 5
/ $7\times92=644$,
$644+5=649$

104쪽

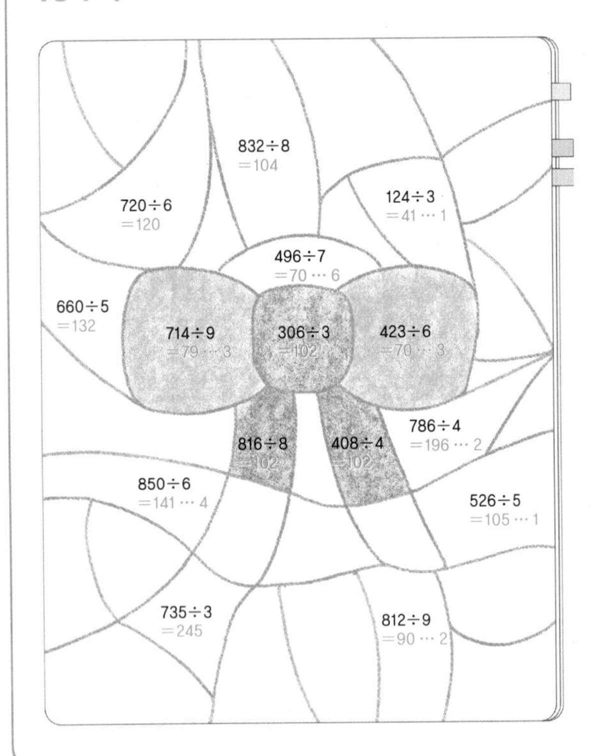

105쪽

25 나눗셈 평가

106쪽

❶ 20
❷ 11
❸ 6 ··· 6
❹ 12
❺ 11 ··· 7
❻ 160
❼ 56
❽ 106
❾ 90 ··· 3
❿ 279 ··· 2

107쪽

⓫ 17
⓬ 17 ··· 2
⓭ 14 ··· 1
⓮ 73
⓯ 124 ··· 1
⓰ 159 ··· 3
⓱ 23
⓲ 19
⓳ 106
⓴ 136

26 분수로 나타내기

110쪽

❶ 2, $\frac{1}{2}$

❷ 4, $\frac{3}{4}$

❸ 5, $\frac{3}{5}$

111쪽

❹ 7, $\frac{5}{7}$

❺ 6, $\frac{5}{6}$

❻ 5, $\frac{3}{5}$

❼ 3, $\frac{2}{3}$

112쪽

❽ 1, 3

❾ 1, 4

❿ 1, 3

⓫ 3, 3

⓬ 4, 4

⓭ 4, 4

113쪽

⓮ $\frac{1}{5}$, $\frac{3}{5}$

⓯ $\frac{1}{9}$, $\frac{5}{9}$

⓰ $\frac{1}{3}$, $\frac{2}{3}$

⓱ $\frac{1}{7}$, $\frac{5}{7}$

⓲ $\frac{1}{4}$, $\frac{3}{4}$

⓳ $\frac{1}{6}$, $\frac{3}{6}$

27 분수만큼 알아보기

114쪽

❶ 2, 4

❷ 2, 6

❸ 2, 10

115쪽

❹ 4, 8

❺ 4, 12

❻ 4, 16

❼ 4, 16

116쪽

❽ 3, 6

❾ 2, 8

❿ 2, 10

⓫ 3, 6

117쪽

⓬ 2, 14

⓭ 6, 12

⓮ 3, 21

⓯ 6, 18

28 대분수를 가분수로, 가분수를 대분수로 나타내기

118쪽

❶ 5
❷ 7
❸ 14
❹ 23

119쪽

❺ $1\frac{1}{2}$
❻ $1\frac{2}{3}$
❼ $1\frac{1}{4}$
❽ $1\frac{1}{5}$

120쪽

⑨ $\frac{3}{2}$
⑩ $\frac{5}{3}$
⑪ $\frac{11}{3}$
⑫ $\frac{7}{4}$
⑬ $\frac{17}{4}$
⑭ $\frac{17}{5}$
⑮ $\frac{29}{5}$
⑯ $\frac{23}{6}$
⑰ $\frac{25}{6}$
⑱ $\frac{37}{7}$
⑲ $\frac{62}{7}$
⑳ $\frac{19}{8}$
㉑ $\frac{41}{8}$
㉒ $\frac{34}{9}$
㉓ $\frac{40}{9}$
㉔ $\frac{19}{10}$
㉕ $\frac{26}{11}$
㉖ $\frac{41}{12}$
㉗ $\frac{19}{15}$
㉘ $\frac{19}{16}$
㉙ $\frac{41}{18}$

121쪽

㉚ $4\frac{1}{2}$
㉛ $6\frac{1}{2}$
㉜ $2\frac{1}{3}$
㉝ $6\frac{2}{3}$
㉞ $3\frac{3}{4}$
㉟ $7\frac{3}{4}$
㊱ $3\frac{1}{5}$
㊲ $7\frac{2}{5}$
㊳ $1\frac{5}{6}$
㊴ $2\frac{4}{6}$
㊵ $1\frac{5}{7}$
㊶ $2\frac{4}{7}$
㊷ $2\frac{5}{8}$
㊸ $5\frac{3}{8}$
㊹ $3\frac{5}{9}$
㊺ $6\frac{5}{9}$
㊻ $3\frac{2}{10}$
㊼ $3\frac{7}{11}$
㊽ $2\frac{12}{15}$
㊾ $2\frac{3}{16}$
㊿ $2\frac{11}{20}$

29 분수의 크기 비교

122쪽

❶ >
❷ <

123쪽

❸ <	❿ >	⑰ >
❹ >	⑪ <	⑱ >
❺ <	⑫ >	⑲ <
❻ <	⑬ >	⑳ >
❼ >	⑭ <	21 <
❽ >	⑮ <	22 <
❾ <	⑯ >	23 >

124쪽

24 >	31 >	38 >
25 <	32 <	39 <
26 >	33 >	40 <
27 >	34 <	41 >
28 >	35 <	42 <
29 >	36 <	43 <
30 <	37 <	44 >

125쪽

45 >	52 <	59 >
46 =	53 <	60 =
47 >	54 >	61 <
48 =	55 <	62 <
49 <	56 >	63 >
50 >	57 <	64 =
51 <	58 =	65 <

30 계산 Plus+ 분수, 분수의 크기 비교

126쪽

❶ $\frac{1}{4}$, $\frac{3}{4}$

❷ 3, 15

❸ 4, 28

127쪽

❹ $\frac{3}{2}$

❺ $3\frac{1}{3}$

❻ $3\frac{1}{4}$

❼ $\frac{16}{6}$

❽ $4\frac{2}{7}$

❾ $2\frac{7}{8}$

❿ $\frac{21}{9}$

⓫ $3\frac{1}{10}$

⓬ $\frac{29}{20}$

⓭ $1\frac{8}{25}$

128쪽

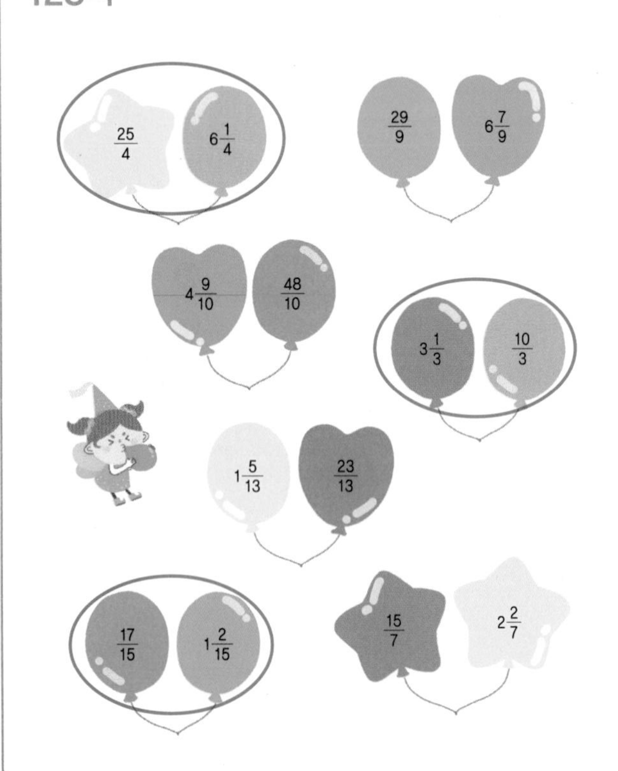

129쪽

31 분수 평가

130쪽

❶ 4, $\frac{1}{4}$

❷ 3, $\frac{2}{3}$

❸ $\frac{1}{4}$, $\frac{3}{4}$

❹ 3, 12

❺ 6, 18

❻ 5, 25

131쪽

❼ $\frac{22}{7}$

❽ $\frac{29}{9}$

❾ $\frac{53}{10}$

❿ $\frac{21}{16}$

⓫ $2\frac{2}{3}$

⓬ $3\frac{1}{8}$

⓭ $2\frac{3}{11}$

⓮ $<$

⓯ $<$

⓰ $=$

⓱ $<$

⓲ $<$

⓳ $>$

⓴ $=$

32 1 L와 1 mL의 관계

134쪽

❶ 1000
❷ 2000
❸ 4000
❹ 5000
❺ 1
❻ 3
❼ 5
❽ 6

135쪽

❾ 6000
❿ 9000
⓫ 10000
⓬ 12000
⓭ 13000
⓮ 15000
⓯ 31000
⓰ 7
⓱ 8
⓲ 14
⓳ 19
⓴ 27
㉑ 30
㉒ 35

136쪽

㉓ 1500
㉔ 1800
㉕ 2100
㉖ 3240
㉗ 3700
㉘ 4300
㉙ 5050
㉚ 5630
㉛ 8004
㉜ 9070
㉝ 10100
㉞ 11600
㉟ 27090
㊱ 45080

137쪽

㊲ 2, 300
㊳ 2, 700
㊴ 3, 800
㊵ 4, 150
㊶ 4, 510
㊷ 5, 900
㊸ 6, 280
㊹ 7, 490
㊺ 8, 760
㊻ 10, 210
㊼ 15, 70
㊽ 20, 20
㊾ 27, 940
㊿ 35, 50

33 들이의 합

138쪽

❶ 2, 700
❷ 4, 600
❸ 6, 800
❹ 7, 950
❺ 8, 400
❻ 9, 900

139쪽

❼ 5, 100
❽ 7, 100
❾ 9, 200
❿ 6, 50
⓫ 6, 200
⓬ 8, 100
⓭ 9, 50
⓮ 9, 350
⓯ 10
⓰ 9, 70
⓱ 10, 200
⓲ 12, 380

140쪽

⑲ 3 L 800 mL
⑳ 5 L 950 mL
㉑ 7 L 950 mL
㉒ 4 L 100 mL
㉓ 6 L 100 mL
㉔ 6 L 400 mL
㉕ 9 L 250 mL
㉖ 7 L 150 mL
㉗ 9 L 550 mL
㉘ 15 L 50 mL
㉙ 13 L 200 mL
㉚ 13 L 300 mL

141쪽

㉛ 3 L 500 mL
㉜ 5 L 700 mL
㉝ 9 L 850 mL
㉞ 3 L 200 mL
㉟ 9 L 50 mL
㊱ 5 L 300 mL
㊲ 8 L 240 mL
㊳ 8 L 150 mL
㊴ 8 L
㊵ 10 L 370 mL
㊶ 13 L 400 mL
㊷ 12 L 100 mL
㊸ 14 L 230 mL
㊹ 13 L 300 mL

34 들이의 차

142쪽

❶ 2, 200
❷ 1, 200
❸ 2, 300
❹ 1, 300
❺ 2, 400
❻ 1, 250

143쪽

❼ 1, 900
❽ 1, 600
❾ 2, 250
❿ 1, 450
⓫ 1, 700
⓬ 1, 800
⓭ 3, 850
⓮ 1, 800
⓯ 1, 450
⓰ 5, 750
⓱ 4, 900
⓲ 6, 750

144쪽

⑲ 1 L 500 mL
⑳ 4 L 250 mL
㉑ 2 L 340 mL
㉒ 1 L 800 mL
㉓ 1 L 750 mL
㉔ 1 L 50 mL
㉕ 600 mL
㉖ 2 L 350 mL
㉗ 1 L 680 mL
㉘ 5 L 550 mL
㉙ 2 L 510 mL
㉚ 2 L 760 mL

145쪽

㉛ 1 L 100 mL
㉜ 2 L 300 mL
㉝ 2 L 350 mL
㉞ 700 mL
㉟ 1 L 250 mL
㊱ 2 L 950 mL
㊲ 1 L 400 mL
㊳ 2 L 350 mL
㊴ 2 L 550 mL
㊵ 1 L 330 mL
㊶ 3 L 640 mL
㊷ 4 L 780 mL
㊸ 4 L 820 mL
㊹ 3 L 880 mL

35 계산 Plus+ 들이의 합과 차

146쪽

❶ 6 L 700 mL
❷ 6 L 200 mL
❸ 7 L 150 mL
❹ 10 L 160 mL
❺ 1 L 300 mL
❻ 1 L 800 mL
❼ 2 L 950 mL
❽ 4 L 480 mL

147쪽

❾ 6 L 700 mL
❿ 7 L 70 mL
⓫ 8 L 360 mL
⓬ 10 L 300 mL
⓭ 2 L 150 mL
⓮ 4 L 950 mL
⓯ 2 L 850 mL
⓰ 4 L 760 mL

148쪽

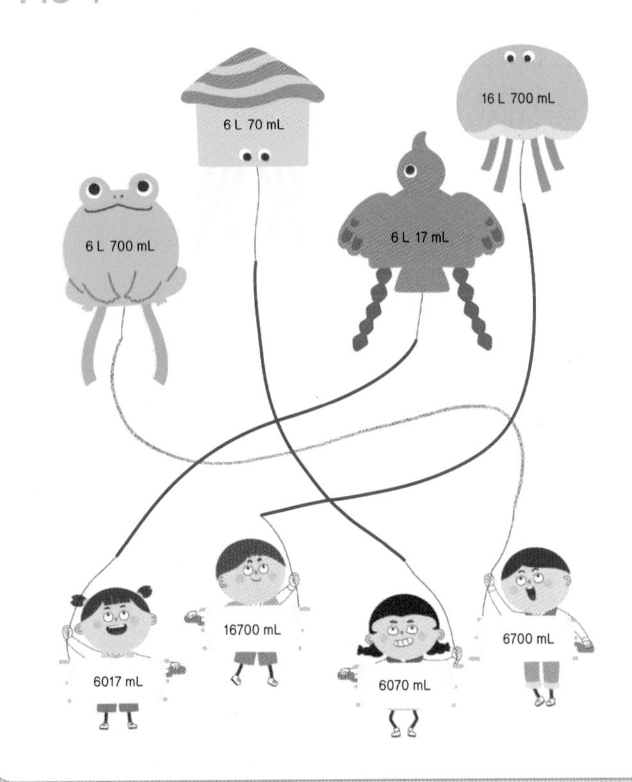

149쪽

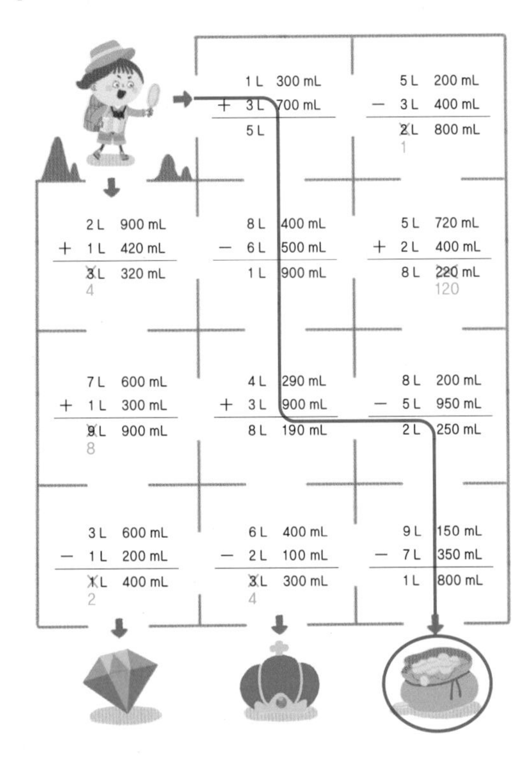

36 1 kg, 1 g, 1 t의 관계

150쪽

❶ 1000
❷ 3000
❸ 5000
❹ 6000
❺ 1
❻ 2
❼ 6
❽ 7

151쪽

❾ 7000
❿ 10000
⓫ 11000
⓬ 15000
⓭ 1000
⓮ 6000
⓯ 12000
⓰ 8
⓱ 10
⓲ 12
⓳ 27
⓴ 3
㉑ 9
㉒ 21

152쪽

㉓ 1100
㉔ 2950
㉕ 3600
㉖ 5550
㉗ 6300
㉘ 7400
㉙ 8090
㉚ 9700
㉛ 10590
㉜ 17900
㉝ 24200
㉞ 25050
㉟ 31120
㊱ 45080

153쪽

㊲ 1, 500
㊳ 1, 900
㊴ 2, 100
㊵ 3, 30
㊶ 4, 170
㊷ 5, 450
㊸ 6, 200
㊹ 7, 490
㊺ 8, 630
㊻ 10, 40
㊼ 13, 60
㊽ 21, 210
㊾ 37, 900
㊿ 43, 25

37 무게의 합

154쪽

❶ 2, 500
❷ 5, 900
❸ 5, 750
❹ 8, 900
❺ 8, 450
❻ 9, 770

155쪽

❼ 4, 100
❽ 6, 100
❾ 5, 100
❿ 6, 100
⓫ 9, 250
⓬ 9, 250
⓭ 11, 100
⓮ 13, 100
⓯ 11, 30
⓰ 12, 340
⓱ 16, 90
⓲ 16, 20

156쪽

⑲ 8 kg 900 g
⑳ 6 kg 750 g
㉑ 10 kg 900 g
㉒ 7 kg 150 g
㉓ 6 kg 100 g
㉔ 7 kg 500 g
㉕ 6 kg 400 g
㉖ 8 kg 200 g
㉗ 10 kg 180 g
㉘ 16 kg 260 g
㉙ 11 kg 350 g
㉚ 15 kg 310 g

157쪽

㉛ 8 kg 600 g
㉜ 7 kg 650 g
㉝ 5 kg 590 g
㉞ 8 kg
㉟ 13 kg 200 g
㊱ 9 kg
㊲ 13 kg 800 g
㊳ 11 kg 50 g
㊴ 15 kg 180 g
㊵ 11 kg 250 g
㊶ 14 kg 200 g
㊷ 14 kg 230 g
㊸ 12 kg 90 g
㊹ 19 kg 80 g

38 무게의 차

158쪽

① 1, 400
② 1, 400
③ 3, 550
④ 3, 150
⑤ 1, 150
⑥ 4, 400

159쪽

⑦ 1, 400
⑧ 1, 900
⑨ 2, 910
⑩ 3, 750
⑪ 1, 650
⑫ 2, 840
⑬ 1, 800
⑭ 5, 650
⑮ 1, 710
⑯ 4, 980
⑰ 3, 520
⑱ 2, 960

160쪽

⑲ 1 kg 550 g
⑳ 1 kg 300 g
㉑ 2 kg 330 g
㉒ 900 g
㉓ 1 kg 550 g
㉔ 2 kg 680 g
㉕ 1 kg 700 g
㉖ 840 g
㉗ 2 kg 720 g
㉘ 4 kg 620 g
㉙ 2 kg 970 g
㉚ 3 kg 740 g

161쪽

㉛ 1 kg 250 g
㉜ 2 kg 100 g
㉝ 1 kg 540 g
㉞ 850 g
㉟ 2 kg 490 g
㊱ 1 kg 550 g
㊲ 1 kg 850 g
㊳ 2 kg 770 g
㊴ 1 kg 780 g
㊵ 3 kg 300 g
㊶ 2 kg 690 g
㊷ 2 kg 920 g
㊸ 6 kg 740 g
㊹ 3 kg 820 g

39 계산 Plus+ 무게의 합과 차

162쪽

❶ 3 kg 700 g
❷ 9 kg 150 g
❸ 9 kg 250 g
❹ 11 kg 60 g
❺ 2 kg 200 g
❻ 4 kg 750 g
❼ 2 kg 370 g
❽ 2 kg 390 g

163쪽

❾ 8 kg 950 g
❿ 10 kg 150 g
⓫ 10 kg 80 g
⓬ 11 kg 100 g
⓭ 1 kg 140 g
⓮ 3 kg 550 g
⓯ 3 kg 720 g
⓰ 2 kg 180 g

164쪽

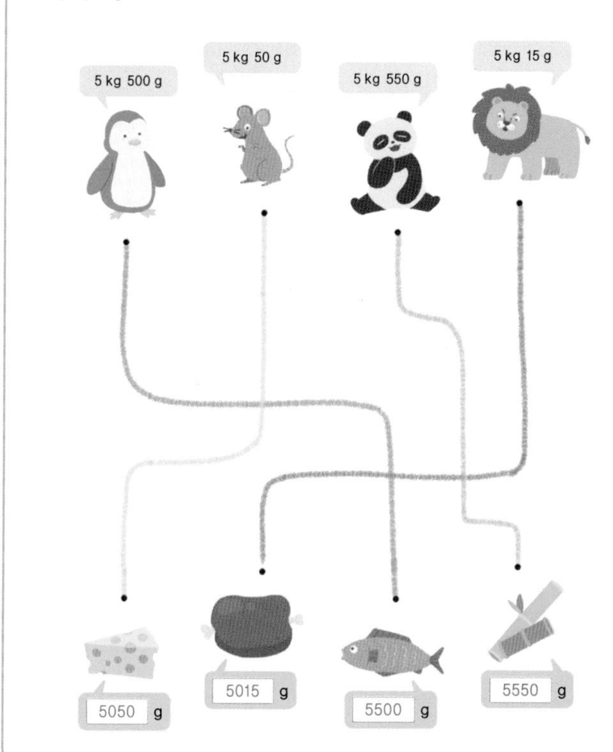

165쪽

40 들이·무게 단위의 합과 차 평가

166쪽

❶ 7000
❷ 2, 400
❸ 12000
❹ 63
❺ 40
❻ 7100
❼ 6 L 350 mL
❽ 2 L 850 mL
❾ 9 kg 470 g
❿ 1 kg 820 g

167쪽

⓫ 7 L 50 mL
⓬ 3 L 150 mL
⓭ 2 L 600 mL
⓮ 6 kg 300 g
⓯ 4 kg 180 g
⓰ 5 kg 440 g
⓱ 9 L 30 mL
⓲ 4 L 700 mL
⓳ 9 kg 220 g
⓴ 3 kg 430 g

실력 평가 1회

170쪽

1. 609
2. 896
3. 668
4. 2700
5. 378
6. 882
7. 819
8. 10
9. 13
10. 6 ⋯ 4
11. 16
12. 15 ⋯ 2
13. 123
14. 99 ⋯ 1

171쪽

15. 5 L 700 mL
16. 7 L 550 mL
17. 4 L 200 mL
18. 7 kg 660 g
19. 9 kg 110 g
20. 3 kg 310 g
21. 5
22. 3
23. 27
24. 20
25. 45

실력 평가 2회

172쪽

1. 636
2. 1557
3. 3415
4. 4560
5. 682
6. 2201
7. 1848
8. 12
9. 9 ⋯ 5
10. 7 ⋯ 2
11. 18
12. 12 ⋯ 4
13. 81
14. 144 ⋯ 3

173쪽

15. 10 L 30 mL
16. 3 L 410 mL
17. 3 L 300 mL
18. 11 kg 100 g
19. 4 kg 370 g
20. 4 kg 770 g
21. $\frac{9}{4}$
22. $\frac{30}{7}$
23. $\frac{32}{9}$
24. $1\frac{7}{11}$
25. $2\frac{4}{15}$

실력 평가 3회

174쪽

1. 942
2. 1887
3. 3136
4. 5736
5. 1722
6. 1320
7. 6110
8. 11
9. 9 ⋯ 1
10. 13
11. 29 ⋯ 2
12. 11 ⋯ 7
13. 209
14. 133 ⋯ 4

175쪽

15. 17 L 200 mL
16. 4 L 450 mL
17. 7 L 950 mL
18. 16 kg 350 g
19. 6 kg 850 g
20. 7 kg 750 g
21. $>$
22. $>$
23. $<$
24. $=$
25. $>$

memo

완자·공부력·시리즈 매일 4쪽으로 스스로 공부하는 힘을 기릅니다.

대표전화 1544-0554
주소 서울특별시 구로구 디지털로33길 48 대륭포스트타워 7차 20층